井矿盐采卤工管理实务

周天乔 著

广陵书社

图书在版编目（CIP）数据

井矿盐采卤工管理实务 / 周天乔著. -- 扬州 : 广陵书社, 2014.6
ISBN 978-7-5554-0123-0

Ⅰ. ①井… Ⅱ. ①周… Ⅲ. ①制盐－制卤－技术培训－教材 Ⅳ. ①TS343

中国版本图书馆CIP数据核字(2014)第135140号

书　　名　井矿盐采卤工管理实务
著　　者　周天乔
责任编辑　顾寅森
出版发行　广陵书社
　　　　　扬州市维扬路 349 号　　邮编 225009
　　　　　http://www.yzglpub.com　　E-mail:yzglss@163.com
印　　刷　扬州市机关彩印中心
开　　本　720 毫米 ×1020 毫米 1/16
印　　张　16.25
字　　数　220 千字
版　　次　2014 年 6 月第 1 版第 1 次印刷
标准书号　ISBN 978-7-5554-0123-0
定　　价　45.00 元

前 言

2004年以来,中国石化集团江苏石油勘探局在江苏淮阴登记了4.56平方千米的勘探面积,开展卤水、芒硝、元明粉的开发利用,急需大量熟练的井矿盐采卤工来支持盐矿的勘探开发,以确保生产的顺利进行。

为加强井矿盐采卤工管理及实际操作的能力,也为更好地满足井矿盐采卤工培训和考工取证的需要,推进盐矿的开发和利用,笔者精心策划编写了此培训教材。本教材是《井矿盐采卤工》初、中级工合订本,主要参考依据是《井矿盐采卤工国家职业标准》。编写过程中,我们立足于井矿盐采卤工实际,对《井矿盐采卤工国家职业标准》内容作了一些增加,涉及面较广。在整个的编写过程中,我们坚持以“岗位培训需要”为原则,以“实用、够用”为宗旨,突出技能,强调理论为技能服务。

本教材主要介绍与井矿盐采卤相关的机械设备、管道、井矿盐地质、采卤理论、采卤工艺、输卤、钻修井、电气、质量、安全管理等知识和技能,以及相关的法律法规知识。在编写过程中,力求突出“新”字,做到“知识新、工艺新、设备新、标准新”,增强实用性,重在教会读者掌握必须的专业知识和技能。本书是企业部门、各级职业技能鉴定培训机构的理想教材,也可作为技工学校、职业高中和各种短训班的专业教材。

由于笔者水平所限,时间仓促,经验不足,书中难免存在缺点和错误,欢迎广大读者批评指正。

著 者

2013年9月

目 录

第二部分 中 级

第一部分　初　级

第一章　我国的盐矿资源及开采方法与工艺

第一节　我国的盐矿资源

一、盐矿知识

盐类矿床是金属阳离子(K^+、Na^+、Ca^{2+}、Mg^{2+}等)与酸根阴离子[$(CO_3)^{2-}$、$(HCO_3)^-$、$(SO_4)^{2-}$、Cl^-、$(NO_3)^-$、$(BO_3)^{3-}$或$(BO_4)^{5-}$等]在地质作用过程中,在适宜的地质条件和干旱的气象条件下,成盐盆地中水盐体系天然蒸发浓缩,金属阳离子与酸根阴离子结合成盐类矿物析出而形成的化学沉积矿床。

由于各成盐盆地水盐体系中所含盐类物质成分的差异,物理化学条件的不同以及所处蒸发结晶析出阶段的不同,其形成的盐类矿床亦不相同。其中石盐矿床是盐类矿床中分布最广、蕴藏资源量巨大的矿床,人们称之为“盐矿”。这里所指的石盐(Halite)即为NaCl。根据盐矿产出时代的不同,通常划分为古代盐矿和现代盐矿两大类。古代盐矿是指第四纪以前形成的石盐矿床;现代盐矿是指第四纪形成的盐湖石盐矿床。

盐湖矿床包括盐湖固相矿床和液相矿床,而且常常是固、液相并存。盐湖液相矿床即盐湖卤水矿床。盐湖固相矿藏是盐湖沉积的碳酸盐、硫酸盐、氯化物、硝酸盐和硼酸盐矿床的总称。盐湖石盐矿床只是盐湖固相矿床中资源量最大、分布最广泛的一种。

地表水体和地下水体所含盐类组分具有工业开采价值者,称为卤水矿床(含盐湖卤水矿床)。地下卤水是生产NaCl产品的重要盐矿资源。海水亦是生产NaCl产品的重要资源,但海水并非矿床,故本书对其内容不做阐述。

由盐矿资源开发、生产的NaCl产品,人们习惯地称为盐。"盐"就广义而言,是指由金属阳离子与酸根阴离子组成的化合物。由于NaCl是盐类中最重要的一种,既是人们生活的必需品,又是化学工业的基本原料,用途广泛,对国民经济意义重大,且与人们生活息息相关,故人们习惯地把NaCl产品叫做"盐"。

以海水(含滨海地下卤水)为原料晒制的盐,谓之"海盐"。从盐湖石盐矿床中直接采出的盐,或以盐湖石盐、卤水为原料加工制成的盐,俗你"湖盐"。凿井(钻井)抽取地下卤水为原料加工制得的盐,称为"井盐";开采古代石盐矿床加工制得的盐,叫做"矿盐"。由于石盐矿床开采已普遍采用钻井水溶法,故常将"井盐"与"矿盐"合称为"井矿盐"。本书的主要阐述对象即为井矿盐开采。

国家统计局的统计年表中以"原盐"为总称。其中符合国家食用盐卫生标准的NaCl产品叫食盐;用作工业原料的NaCl产品称为工业盐。

二、我国盐矿资源概况

有关资料表明,世界盐矿资源总蕴藏量约为6.4×10^8亿吨,其中全球海洋(含海底沉积物)蕴藏的NaCl资源量约为4.3×10^8亿吨。中国是全世界盐矿资源极为丰富的少数国家之一。

1. 中国的海洋盐资源

中国大陆海岸线漫长,若将沿海岛屿岸线计算在内,总长达21000km,其中盐滩滩涂占地面积为$2900km^2$,具备汲取原料海水晒制海盐的优越条件。海洋水盐度一般为30‰—35‰。海水的主要成分为NaCl,约占78%,其他如$MgCl_2$、$MgSO_4$、KCl等,共占22%左右。海水是取之不尽的盐资源。

2. 中国井矿盐区和湖盐区的古代石盐矿床、地下卤水矿床和现代

盐湖矿床的盐资源

根据调查资料，全国约有20个省（区、市）发现古代石盐矿床（矿点）105个，估算的NaCl资源量达14.648万亿吨，初步探明的NaCl基础储量570亿吨。古代盐矿自20世纪70年代以来基本上实现了水溶开采，且已大规模开发利用，生产矿盐和液体盐（原料卤水）。

地下卤水矿床分布于川、滇、藏、青、新、鄂、赣、鲁等省区。其中四川省自贡、五通桥地区开发地下卤水最早，迄今已有2200多年历史，且至今尚在开采、生产井盐。由于地下卤水储量和分布尚未完全查清，故其开采规模一般很小。随着古代固体盐矿的不断发现和大规模开发利用，地下卤水矿床大都已停止开采。值得提出的是，渤海沿岸蕴藏着丰富的地下卤水资源，其中以莱州湾滨海地下卤水最为著名。该处地下卤水已大规模开采，汲卤晒盐。

盐湖矿床主要分布于青海、新疆、西藏和内蒙古，有上千个大小盐湖，星罗棋布。陕、甘、宁、晋、吉等省及自治区亦有少量盐湖分布。中国盐湖地处边远地区，且大多交通不便，盐湖勘查程度普遍很低。据调查资料记载，面积在lkm^{2}以上的91个盐湖估算的NaCl资源量约515亿吨，初步探明的NaCl基础储量约4939亿吨。大型、特大型盐湖石盐矿床集中分布于青海柴达木盆地。新疆仅有少数大型、特大型盐湖石盐矿床，其余大多为中、小型盐湖石盐矿床。西藏、内蒙古和其他省、自治区均为中、小型盐湖石盐矿床。盐湖石盐矿床开发利用以山西运城盐湖最早，迄今已有五六千年历史。目前已有部分盐湖石盐矿床在开发、生产湖盐。其共生的盐类矿产（钾盐、芒硝、天然碱、硼酸盐、硝酸盐、碳酸锂等）也已被开发利用或正在筹备开发。

第二节 石盐矿床和地下卤水矿床开发方法

一、矿床开拓

由于盐类矿床所形成的地质条件、开采技术条件和经济地理条件的不同,需选用不同的工程进行矿床开拓,因而形成了不同的开拓方法,主要有井巷开拓和钻井开拓等方法。

1. 井巷开拓

井巷开拓是指为了采出盐岩[①]矿石,必须从地面开凿井筒和其他系列地下巷道,通达矿层,使地面与矿床之间形成完整的提升、运输、通风、排水、行人、供电、供水、供压风等生产系统,以便进行地下采矿作业,隶属于坑道旱采。后发展有水溶开采井巷开拓,即掘至矿层后,再在运输平巷以下开掘若干原始硐室,在井、巷安装注水管和采卤管道至各原始硐室,并配备采卤设备,作注入淡水和抽汲卤水之用。我国云南有采用此方法开采的岩盐矿。由于该方法生产工序复杂,开采深度不大,劳动生产率低,废弃物易于造成环境污染,故仅用于易于开采、埋藏较浅及埋藏条件不好的岩盐矿。

2. 钻井开拓

钻井开拓也称钻井水溶开采法,就是用钻井自地表钻进至矿层后,下套管至矿层顶部,并用油井水泥固井,封固矿层以上地层。钻井下部的裸眼井是原始溶解硐室,井筒则是注入淡水和返出卤水的通道。地面配置采卤设备、注水管系、集卤管系和储卤池。厂、矿距离较远时,需安装输卤设备和管道。钻井开拓具有工程量小、投资小、基建时间短、开采深度大、对环境污染小、矿渣留在地下等优点,目前已广泛用于开

---

① 盐岩:是一种岩石(凡含 NaCl 大于 20% 的岩石),主要是石盐(NaCl),可含其他氯化物、硫酸盐、粘土和其他有机物质。

采埋藏深度较大的各类易溶盐类矿床。本书所指石盐矿藏的水溶开采主要采用钻井开拓。

3. 井身结构及各部分名称、作用

石盐矿藏通常埋藏在地下几十千米至几千米的地层中，要把它开采出来，需要在地面和地下矿藏层之间建立一条通道，这条通道就是井。井矿盐采卤工管理的采卤井是钻井完井后经过固井工程建成的生产井。

（1）井身结构的名称及作用

固井是建井过程中的重要环节。固井有两个环节，即下套管和注水泥。盐井在建井过程中需要下一层或多层套管。为了使套管柱既能满足钻井施工和生产作业要求，而又经济合理，必须先进行设计，然后再下套管，套管程序设计即井身结构的确定。

井身结构是指由直径、深度和作用各不相同，且均注水泥封固环形空间而形成的轴心线重合的一组套管与水泥环的组合，见图1-2-1。

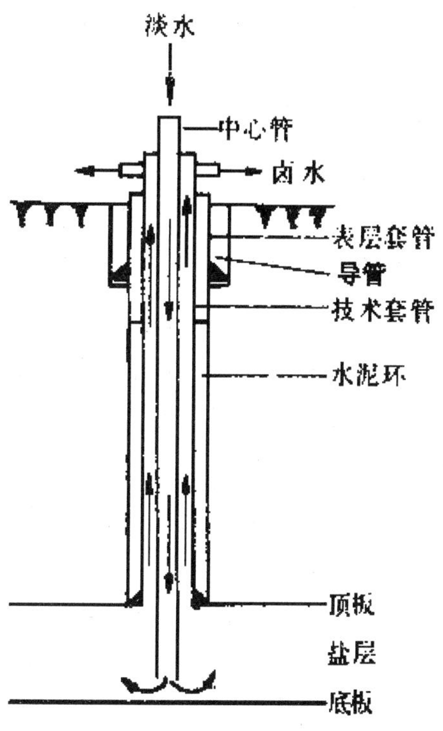

图 1-2-1　单井对流井身结构图

其结构主要由导管、表层套管、技术套管、中心管和各层套管外的水泥环等组成。

导管：井身结构中下入的第一层套管称为导管。其作用是保持井口附近的地表层。

表层套管：井身结构中第二层套管称为表层套管，一般为几十米至几百米。下入后，用水泥浆固井并返至地面。其作用是封隔上部不稳定的松软地层和水层。

技术套管：表层套管与盐层

套管之间的套管称为技术套管，是钻井中途遇到高压油、气、水层、漏失层和坍塌层等复杂地层时，为钻至目的层而下的套管。其层次由复杂层的多少而定。作用是封隔难以控制的复杂地层，保持钻井工作顺利进行。

中心管：井身结构中最内的一层称为中心管，是单井循环开采注入淡水和返出卤水的通道。对流井开采时，此管可取出。

（2）有关名词术语

水泥返高：是指固井时，水泥沿套管与井壁之间的环形空间上返面与钻井转盘平面之间的距离。

联顶节方入（联入）：指钻井转盘上平面到最上面一根套管接箍上平面之间的距离。

套管深度：下入盐层套管的深度。

套管直径：下入盐层套管的直径。

人工井底深度：完井时套管内最下部水泥顶界面至方补心的距离。

完钻井深：从转盘上平面到钻井完成时钻头所钻进的最后位置之间的距离。

油补距（也称补心高差）：是钻井转盘上平面到套管四通上法兰面之间的距离。

套补距：钻井时的方补心与套管头的距离。值得注意的是：套补距在钻井架一撤之后，现场就不存在了，但在以后的生产过程中，如进行补孔、抬高井口、修井等措施时的丈量管柱都要用到它。

（3）井口装置

盐井井口装置是装在地面用以悬挂中心管柱和内套管柱，控制和导引地面液体（淡水和柴油）注入，井下卤水流出的井口设备，由套管头、中心管头、采卤树三部分组成。密封各层套管之间及与中心管之间的环形空间，可控制生产井口的压力和调节井口流量，改变正反循环，也可用于压裂、注水、测试等特殊作业。

二、石盐矿床钻井水溶开采方法

石盐矿藏的水溶开采是利用了石盐矿藏易溶于水的特性，把水作为溶剂注入矿床，将矿床中的盐类物质就地溶解，转变为流动状态的溶液——卤水，然后进行采集、输送的一种方法。其开采工序是：采、选、冶融为一体，溶解矿石中有益组分（NaCl），将泥沙等杂质留在原地。

1. 硐室水溶开采法

硐室水溶开采法实质就是先在井下石盐矿体中建造一定容积的原始硐室，作为初始溶解面，然后将淡水注入硐室内溶解矿体，水不溶矿渣残留井下，生成的合格卤水用水泵抽送到地面的开采方法。此法仅适合于矿石品位低、水不溶残渣膨胀系数较大的盐类矿床。

2. 钻井水溶开采法

钻井水溶开采法简称钻井水溶法。随着钻井技术的进步和发展，钻井水溶开采法根据开采单元和注水—采卤系统的差异，划分为三个亚类：单井对流法、井组连通法、提捞和抽汲采卤法。具体见表 1-2-2：

表 1-2-2　钻井水溶开采方法分类

<table>
<tr><th>大类</th><th>亚类</th><th>小类</th><th>方法</th><th>适用范围</th></tr>
<tr><td rowspan="5">钻井水溶开采法（钻井水溶法）</td><td rowspan="2">注水溶盐提涝和抽汲采卤法（提涝和抽汲采卤法）</td><td rowspan="2"></td><td>注水溶盐－提捞采卤法（提捞采卤法）</td><td rowspan="2">适用于非封闭性盐类矿藏的水溶开采，也用于地下卤水开采。</td></tr>
<tr><td>注水溶盐－抽汲采卤法（抽汲采卤法）</td></tr>
<tr><td rowspan="3">简易对流水溶开采法（单井对流开采法）</td><td rowspan="3"></td><td>简易对流水溶开采法（简易对流法）</td><td rowspan="3">适用于相对封闭状态的盐类矿床，其注水溶盐和采集卤水由同一系统构成。</td></tr>
<tr><td>油垫对流水溶开采法（油垫对流法）</td></tr>
<tr><td>气垫对流水溶开采法（气垫对流法）</td></tr>
</table>

续表

大类	亚类	小类	方法	适用范围
钻井水溶开采法（钻井水溶法）	井组连通水溶开采法（井组连通法）	对流井溶蚀连通水溶开采法（对流井溶蚀连通法）	自然溶蚀连通水溶开采法（自然溶蚀连通法）	适用于相对封闭状态的盐类矿床，其注水溶盐和采集卤水由同一系统构成。
			油垫建槽连通水溶开采法（油垫建槽连通法）	
			气垫建槽连通水溶开采法（气垫建槽连通法）	
		水力压裂连通水溶开采法（压裂连通法）	水力压裂连通水溶开采法（压裂连通法）	
		定向井连通水溶开采法（定向井连通法）	定向斜井连通水溶开采法（定向斜井连通法）	
			中小曲率半径水平井连通水溶开采法（中小半径水平井连通法）	
			径向水平井连通水溶开采法（径向水平井连通法）此法还在研究中	

三、地下卤水矿床开采方法

地下卤水矿床的开采方法分为自喷采卤法、气举采卤法、抽油机采卤法、潜卤泵采卤法，其中自喷采卤法、气举采卤法本书不做阐述。

注水溶盐提捞和抽汲采卤法根据采卤方式的不同，可细分为提捞采卤法和抽汲采卤法。其中提捞采卤法因能耗过高、生产能力小、生产成本高，已于20世纪60年代停用，但在我国地下卤水和盐矿水溶开采中仍长期使用，且发挥了重要作用。抽汲采卤法是以一口井或一组井（2口井以上）为开采单元，从一口井内注入淡水，溶解盐类矿层，生成卤水后，再从该井（或该井组其他井）用专用水泵抽汲卤水的开采方法。由于抽汲采卤使用的设备不同，这种采卤方法可分为抽油机采卤法和潜卤泵采卤法，目前主要用于水溶开采矿山进行后期开采。

1. 抽油机采卤法

抽油机采卤法是借鉴引进石油部门抽油机采油工艺应用于地下卤水矿床的开采方法。四川邓关盐厂于1971年7月首先用抽油机在邓

34 井开采地下卤水获成功，后逐步得到推广。此项工艺用于开采井深不超过 1000m 的低产量卤井，其经济效益较为显著。

2. 潜卤泵采卤法

1979 年 10 月，首次在四川邓关盐厂邓 43 井试用国产 6QL-200 型潜卤泵开采地下卤水，获成功。潜卤泵采卤的产卤量较大，成本较低。1986 年 8 月以来，先后在四川自贡郭家坳盐矿和湖南湘澄盐矿一采区等已停产的采区，用潜卤泵进行后期开采，取得了良好的经济效益。

有关抽油机采卤法和潜卤泵采卤法的具体内容将在本书后续章节中阐述。

第三节　开采工艺流程

一、开采工艺流程和工艺流程图的概念

1. 工艺流程

概念：指工业品生产中，从原料到制成成品各项工序安排的程序，也称“加工流程”或“生产流程”，简称“流程”。

2. 工艺流程图

概念：指从原料开始到最终产品所经过的生产步骤，把各步骤所用的设备，按其几何形状以一定的比例画出，设备之间按其相对位置及其相互关系衔接起来，像这样一种用图形符号表明工艺流程所使用的机械设备及其相互联系的系统图，就称为生产工艺流程图。工艺流程图是用于表达生产过程中物料的流动次序和生产操作顺序的图样。由于不同的使用要求，属于工艺流程图性质的图样有许多种。一般我们在各种论文或教科书中见到的工艺流程图各具特色，没有强制统一的标准，只要表达了主要的生产单元及物流走向即可。如《江苏油田采输卤管理处卤水输送工艺流程图》。（见图 1-3-1）

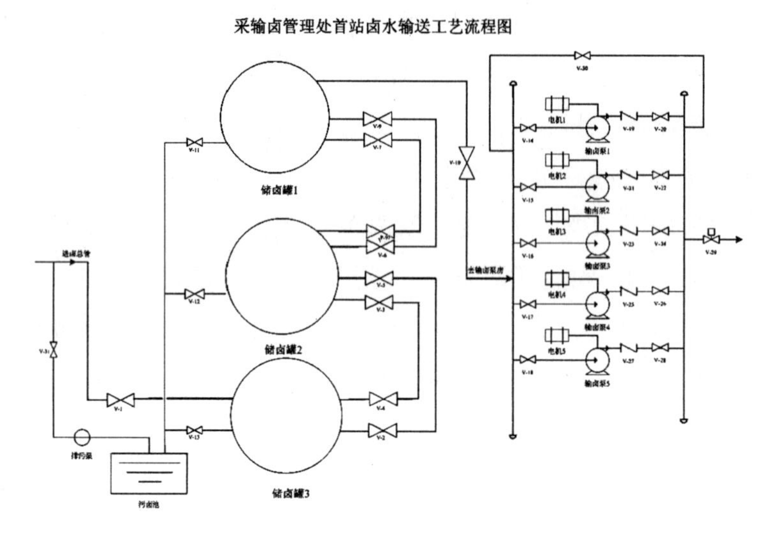

图 1-3-1

二、开采工艺流程示意图

一般在编制设计方案时，生产方法和生产规模确定后就可以考虑设计并绘制生产工艺流程示意图了。生产工艺示意流程图只是定性地描绘出由原料变化为成品所经过的化工过程及设备的主要路线，其设备只按大致的几何形状画出，甚至用方框图表示也可，设备之间的相对位置也不要求十分准确。用方框图进行各种衡算，既简单、醒目，也很方便。如《江苏油田采输卤管理处采、集、输卤工艺流程示意图》（图1-3-2）

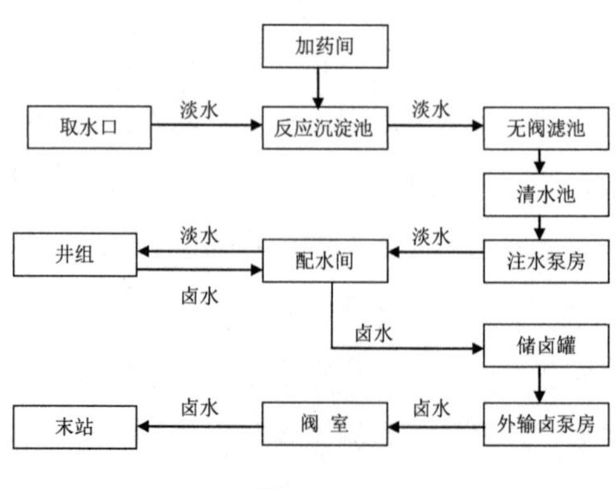

图 1-3-2

三、识图常识

1. 看工艺流程图的步骤和方法

（1）首先根据设计图纸目录清点图纸数量。

（2）按图纸目录编号整理所有图纸。

（3）仔细阅读设计说明书，深刻领会设计意图、技术规范和施工中的技术要求。

（4）识别图例。掌握各种管线规格、阀门代号、设备和自动化装置等在图纸中的符号。见表 1-3-1。

表 1-3-1　工艺流程设计中常用管阀图例

序号	名　称	图例	备　注	序号	名　称	图例	备注
1	主要管线			9	活接头		
2	次要管线						
3	一般阀			10	弹簧式安阀		
4	止回阀			11	旋塞阀		上为旋塞通 下为旋塞通
5	法兰			12	丝堵		
6	螺纹法兰			13	同心变径头		
7	法兰盲板			14	蝶形封头		
8	三通			15	弯头		

（5）识图步骤：

①识别站内平面图。

②识别工艺流程图（总工艺图、分工艺图）。

③识别工艺管线系统图。

④识别设备、设施安装图（如机泵、大罐、管线和仪器仪表）。

⑤识别其他辅助图纸（给排水、采暖通风、消防、道路、供电、土建、自动化等等）

（6）看图的方法：看图纸时要细心认真，一般先看总平面图，后看分平面图；先看总工艺图，后看分工艺图。再从设备、设施的单体图到总安装图。并且要将各种图纸相互参照配合使用,结合起来看。对工艺管线要一条一条从头到尾看完,弄清它的来龙去脉,先找出主要流程再找出辅助流程,弄清管线的主次关系。在看图过程中,如发现问题和疑问要记录清楚,以便询问和提出改进意见。

2. 看工艺流程图的要求

(1)应熟练掌握有关图纸以及技术资料,查阅有关工艺设计说明书,了解本站设计依据、生产过程中的各项参数和经济指标的调节和控制。

(2)熟悉了解本站工艺流程的走向、特点,掌握正常工艺流程和事故工艺流程以及设备的性能指标。要熟悉各种设备的作用原理和结构,这样才会加深对工艺流程图的理解。

(3)掌握图纸中设备、管线、阀门、仪器仪表等在图上的代号、相应的规格型号、材质以及安装标准等等。

(4)要熟悉各种设备、管线、介质的标注方法及代号代表的意义。如 $\Phi 104 \times 4$,代表无缝钢管或有色金属管,外径 104mm,管壁厚度 4mm。

四、常用绘图工具及仪器的名称和用途

常用的绘图工具和仪器有图板、丁字尺、三角板、圆规、分规、比例尺等。

图板:是作图的垫板,铺设图纸用。

丁字尺:是画水平线的长尺,用于画水平线。

三角板:除了画直线外,也可配合丁字尺画垂线和其他倾斜线。

圆规:用来画圆或圆弧的工具。

分规:用来等分和量取线段用。

比例尺:是刻有不同比例的直尺,画图时作不同比例之用。

复习思考题:

1. 什么是石盐矿藏,什么是地下卤水,二者有何不同?

2. 什么是钻井开拓,石盐矿藏的主要开拓方法是什么?

3. 钻井水溶开采有哪些分类方法? 有什么主要特点?

4. 地下卤水的常用开采方法是什么?

5. 什么是工艺流程图,什么是工艺流程示意图? 工艺流程示意图的作用是什么?

6. 工艺流程的识图要求是什么?

第二章 石盐矿床水溶采卤操作

第一节 对流井采卤操作

单井对流法是以一口井为一个开采单元,在井内多层同心管的密闭系统中,从其中一层管内往井下注入淡水,溶解盐类矿层,生成卤水后,再利用余压使卤水从另一层返出地面的开采方法。根据对流井内淡水是否控制上深和控制上溶方法的不同,将单井对流法细分为简易对流法、油垫对流法和气垫对流法。因气垫对流法在现在的采卤操作中已不多见,故本书不对其操作内容进行阐述。单井对流法采卤方式有正循环(中心管注水,套管出卤)和反循环(套管注水,中心管出卤)两种。盐井的生产阶段大致分为建槽期、生产期和衰老期。

一、建槽期正、反循环操作

(一)简易对流法建槽期正、反循环操作

1. 正循环操作

(1)携带准备好的工具、用具到井口,首先检查:

①阀门状态:确定井口采卤树上所有阀门完井后处于关闭状态。

②仪表状态:仪表要齐全好用,确认流量计读数、压力表读数是否为零,确认关严。

(2)正式操作

①调整注水干线、采卤干线阀门,使流程处于正循环状态。

②缓慢打开井口注水阀门,控制注水流量;缓慢打开井口采卤阀门,出卤压力波动不能超出总出卤干线压力 ±0.2Mpa。

③缓慢提高注水流量,缓慢打开井口采卤阀门,直至全开。控制流量,注水量调整到生产要求的流量。

④出卤量正常后,记录好井号、正循环开井的时间、注采压力、瞬时水量等资料,按要求及时取样并及时分析。

(3)注意事项

①开来水阀时要侧身,未打开前一定要慢慢开。

②在整个操作过程中,阀门开启要缓慢,流量变化不能过大,尤其是采卤阀门必须逐渐放大,同时要密切关注注水管和采卤管的压力变化。

③在整个操作过程中,应随时观察注水和采卤的流量变化,及时判断异常情况并及时处理。

(4)操作要求

①工作前必须穿戴好劳动保护用品。

②必须按调度下达的指令进行操作。

③操作前仔细观察单井阀门状态。

④操作时,各个单位应相互配合好,阀门开启、关闭不能过快。

⑤阀门丝杆要经常上黄油,保持开启和关闭时动作灵活。

2. 反循环操作

(1)携带准备好的工具、用具到井口,首先检查:

①判断倒流程前卤水井流程状态。本节指的是由正循环状态的流程倒为反循环流程,即由中心管注水、套管采卤改为套管注水、中心管采卤。

②仪表齐全情况,仪表要齐全好用。

(2)正式操作(倒流程)

①关闭井口注水和采卤阀门,先用手顺时针旋转手轮至关不动时,再用管钳卡在手轮内的适当位置用力打紧,确认关严。

②观察流量计读数是否为零，确认关严。

③调整注水干线和采卤干线阀门（变为套管注水、中心管出卤），使流程处于反循环状态。

④打开井口注水阀门，控制注水流量；缓慢打开井口采卤阀门，同时出卤压力波动不能超出总出卤干线压力 ±0.2Mpa。

⑤缓慢提高注水流量，缓慢打开井口采卤阀门，控制采卤量，直至采卤阀门全开。将注水量调整到生产要求的流量。

⑥注采平衡后，记录好井号、倒流程时的时间、注采压力、瞬时水量等资料，按要求及时取样并及时分析。

（3）注意事项

①开来水阀时要侧身，未打开前一定要慢慢开。

②在整个操作过程中，阀门开启要缓慢，流量变化不能过大，尤其是井口采卤阀门必须逐渐放大，同时要密切关注注水管和采卤管的压力变化。

③在整个操作过程中，应随时观察注水和采卤的流量变化，及时判断异常情况并及时处理。

（4）操作要求

①工作前必须穿戴好劳动保护用品。

②必须按调度下达的指令进行操作。

③操作前仔细观察各单井阀门状态。

④操作时，各个单位应相互配合好，阀门开启、关闭不能过快。

⑤阀门丝杆要经常上黄油，保持开启和关闭时动作灵活。

3. 建槽要求

（1）用简易对流法开采的盐井，从注水溶解矿层开始，将初始管状硐室（即裸眼井）内矿层暴露的溶解面逐步扩大，到建成一定直径的溶洞，经连续注淡水采卤，采出的卤水浓度和产量达到设计生产能力所需的时间。因此，建槽期实际上是盐井正式投产的准备阶段。当开采的盐类矿层厚度大时，其所需时间约为盐井服务年限的 2%~5%。

（2）在建槽期，因钻井开拓的初始管状硐室很小，一般均采用正循环注水作业。其主要作用是：清除井底碎屑堆积物，充分暴露井底矿层。建槽期特点是：溶解速度较慢，卤水浓度提高的速度决定于有效溶蚀面积增加的快慢，并与注水量大小成反比，与溶洞的扩建速度成正比。

（二）油垫对流法建槽期的正、反循环操作

1. 操作步骤：

首先，打开注油阀门，从技术套管与内套管环隙注油，直到内套管与中心管环隙返出油为止。

建槽作业分三个小阶段进行。

（1）初期因建槽的初始管状硐室容积很小，用低排量注水，正循环作业，冲刷、溶解矿层底部；采用过量注柴油的方法，使油垫层厚度稳定在 2~3cm，以控制上溶。尽量用淡水建槽，以提高侧溶速度。返出井口的含油卤水经油水分离后，油料和卤水分别进入储油罐和淡卤池。操作具体步骤同简易对流法正循环操作。

（2）中期仍用正循环作业。油垫层厚度仍保持 2~3cm，严格控制上溶。

（3）后期采用正、反循环交替作业，稳定油垫层厚度（2~3cm），控制上溶。返出井口的含油卤水进行分离。具体操作同简易对流法反循环操作。

2. 工艺要求

（1）初期注水量 7~10m^3/h，出卤量约 7~10m^3/h，卤水浓度由 1°Bé逐步上升到 12°Bé，侧溶速度约为 0.14~0.15m/d，有效作业时间 70~80d，建槽直径约 20~24m。

（2）中期注水量为 10~15m^3/h，出卤量约 9~13m^3/h，卤水浓度由 12°Bé逐步上升到 18°Bé，侧溶速度约为 0.10~0.12m/d，有效作业时间约 80~90d，建槽直径约 36~46m。

（3）后期注水量 25~30m^3/h，出卤量约 21~26m^3/h，卤水浓度由 18°Bé上升到 22°Bé，并趋于稳定，侧溶速度约 0.08~0.09m/d，有效作业时间约 150~190d，建槽直径约增大至 60~80m。

3. 建槽要求

（1）建槽期含油卤水经油水分离池进行分离。油料进储油罐，重复利用；淡卤经循环作业，浓度达 20°Bé后输送至临时制盐工地加工，另换淡水循环。这样做，虽然对建槽速度有一些影响，但保护了环境，充分利用了盐矿资源。

（2）油垫建槽的目的是用严格控制上溶的方法，迫使溶解作用向水平方向进行，在开采矿层底部建造一个有一定直径的圆盘状溶洞（即盐槽），为上溶生产创造条件。建造的盐槽直径越大，越有利于上溶生产，生产效果越好。同时，圆盘状盐槽为上溶生产提供了水不溶物和难溶物的堆积场所，起了井下“储砂仓”的作用。

（3）某矿区建槽初期流量 5~10m^3/h，建槽中期流量 10~15m^3/h。建槽后期流量 20~25m^3/h。当产量在 24 小时上升 5g/ L，则视为缺油。

（4）建成直径约 60~80m 的盐槽，约需有效作业时间 300~360d；建成直径 80~100m 的盐槽，约需有效作业时间 360~500d。平均侧溶速度约 0.1~0.11m/d。控制建槽高度的有效措施，就是建立稳定的油垫层（厚 2~3cm），控制上溶，促进侧溶，以扩大建槽直径。

二、生产期正、反循环操作

盐井建槽后，水溶开采溶洞直径扩大，矿层溶解面亦增大，连续注淡水能生产合乎工业要求的卤水，此时盐井已进入生产期。这个阶段的主要特点是：盐井生产时间最长，一般占盐井服务年限的 70%~80% 左右，为主要采矿阶段；而且生产的卤水深度较高，产卤量较大，生产持续稳定。

（一）简易对流法生产期正、反循环操作

1. 操作步骤

生产期的作业方式以反循环为主，正、反循环交替进行。正、反循环交替，可以溶去管壁上的石膏和其他盐类结晶，防止结晶堵管。具体

操作内容同简易对流法建槽期反循环操作。

2. 生产要求

（1）一般来说，生产期的卤水浓度愈高愈好，以利在生产食盐或其他化工产品时节约能源，但是卤水浓度不宜达到饱和，否则易发生盐类结晶堵管。一般为 23~24°Bé，总盐含量在 280g/L 以上。

（2）进行反循环作业时，从中心管与技术套管环隙注淡水后，淡水直接进入溶洞顶部，使溶洞顶部溶液浓度更低，溶解速度达到最大（达 10~12cm/d），可提高卤水产量。卤水溶洞下部经从中心管返出，其浓度亦较高。

（3）进行正循环作业时，淡水由中心管注入溶洞下部，使下部溶液浓度降低，溶洞下部盐层溶解速度提高，有助于提高矿石采收率。但卤水是从溶洞上部的环隙返出，采出的卤水深度相对较低，生产能力较小，故生产时采用以反循环为主的开采模式。

（二）油垫对流法生产期正、反循环操作

当建槽直径达到设计要求，生产的卤水浓度近于饱和时，就可以排出油料，提升井管（中心管和内套管）进行上溶开采。由于溶洞内卤水呈现垂直分带现象，卤水上淡下浓，溶洞顶部界面是最有利的溶解面，溶解速度最快，生产效率最高。

提升井管的时间间隔，根据溶采直径是否达到设计要求而定。提升井管上溶开采的方法有两种：连续提升井管法和分梯段提升井管法。

1. 连续提升井管法

在井口配置井架、天车、滑轮、卡盘、油压千斤顶、封井器等提管设备。上溶生产时，每天提升井管一次，每次提升高度 15~20cm，需时 5~10min。此法建成的溶洞形状近似圆柱状〔见图 2–1–1（a）〕，矿石采收率较高。溶洞顶板呈穹窿状，不易塌陷；耗油量较小，约为 1.5kg/t 盐。但因这种方法操作繁杂，劳动强度大，较少采用。

2. 分梯段提升井管法

上溶生产时，按一定的时间间隔和梯段高度提升井管。此法建成的溶洞洞壁呈锯齿形〔见图 2-1-1（b）〕,但溶洞总的形状近似圆柱状。耗油量约为 3kg/t 盐。这种方法操作简单,劳动强度小,应用广泛。

（a）连续提升法溶洞形状

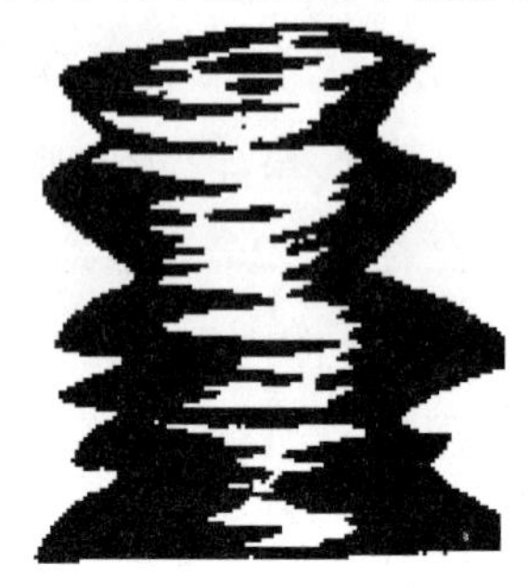

（b）分梯段提升法溶洞形状

图 2-1-1 油垫对流井水采溶洞形状示意图(据《关于罗马尼亚矿盐的考察报告》)

梯段高度的确定,与开采厚度有关。

（1）厚—巨厚矿层(厚 15~50m）上溶生产——一般采用分梯段上溶开采,每个开采梯段高度为 4~6m,即每次提升井管后,两口距保持 4~6m。上溶生产采用反循环作业。油垫层厚度严格控制在 2~3cm,防止超越梯段上溶,影响矿石采收率。正常生产注水量 30~35m^3/h,出卤量 25~30m^3/h 左右,卤水浓度 22~23°Bé。

当下梯段的溶采直径达到设计要求时,再次提升井管,进行上一个梯段的上溶开采,直到整个矿层全部采完为止。

当开采矿层厚度较小(15~20m）时,可进行一次性上溶开采。即在完成油垫建槽后,将建槽时的中心管和内套管拔出,再下入比原中心管大一级的中心管(如 2$\frac{1}{2}$in 油管换 3in 油管或 3$\frac{1}{2}$in 油管换 4in 油管),下至开采矿层底部进行上溶开采,不再提升井管。上溶生产采用反循环作业。此时,将原注入井下的石油排出 2/3 左右。残存于井下的石油不能连成一片,呈形状各异的“薄油饼”漂浮在水面上,总是占据着最高的位置。随着溶洞顶面暴露矿石的溶解,这些飘浮的“薄油饼”不断地往高处空间移动,起着自动调节、平衡和保持溶洞顶部形成水平面的作用,直到矿层采完。

（2）巨厚矿层（厚度 >50m、甚至数百米）上溶生产均采用分梯段上溶开采。每个开采梯段高度较大，一般为 8~10m，大者 30~40m。当下梯段溶采直径达到设计要求后，再逐次提升井管进行上溶开采，直至最后一个开采梯段为止。正常生产用反循环作业。当中心管发生盐类结晶堵管时，方用正循环解堵。正常注水量 50~70m^3/h，出卤量 43~60m^3/h 左右，生产的卤水近于饱和。

厚矿层、巨厚矿层用油垫对流法水溶开采，盐井的服务年限主要视矿层厚度而定，短者数年，长者数十年。

三、衰老期

无论是简易对流法还是油垫对流法，盐井经过长期开采，水溶开采溶洞已接近最大可采直径，顶板充分暴露，甚至垮塌，溶解面缩小，导致生产能力下降。生产能力下降后，卤水浓度和产量下降，盐井进入衰老期。最后，盐井的生产能力大幅度减小，生产的卤水浓度急剧下降，连续开采已无经济价值，最终失去开采价值而停采。

第二节 连通井组采卤操作

井组连通就是以两井或多井为一个开采单元，用各种方法在井间矿层中建造溶蚀通道，然后从其中一口井注入淡水，溶解矿层，生成卤水，再利用注水余压使卤水从另一口井返出地面的开采方法。根据在井间矿层中建造通道的方法不同，井组连通法可分为四类：对流井溶蚀连通法、压裂连通法和定向井连通法、补救井连通法。

以江苏油田采输卤管理处连通井组为例：开采单元为对井布置，一口为直井，直井建槽（同单井简易对流法）完成后，钻斜井，两井水平定向连通，通道水平段 150~300m。地面布置注水、采卤管网，井口控制采用配水间集中分配控制方法,配水间阀门组控制见图 2-2-1 所示。图中正注流程为:直井注水,斜井采卤。反注流程为:斜井注水,直井采卤。正常生产为正注、反注流程交替进行。

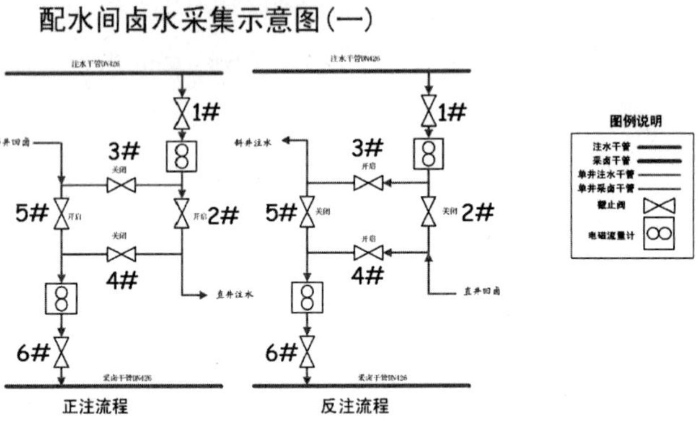

图 2-2-1 对流井组采卤操作示意图

一、对流连通井组正注采卤操作

1. 开井前准备

(1)开井前检查确保管线、法兰、闸阀等连接部位应不渗不漏,发现问题及时排除。

(2)检查确保要操作井组井口法兰、闸阀等连接部位应不渗不漏,阀门开关灵活。

(3)检查配水间要操作井组的闸阀是否能够关紧,出现关不紧现象时,应及时修理或更换。

(4)检查确保压力表和流量计应完好、灵敏可靠,发现问题及时修理或更换。

(5)准备好取样用的样瓶。样瓶必须清洗干净,瓶内无杂质;样瓶应有盖,可密封。

(6)取样瓶上应有取样标签,写明取样井号、取样地点、日期、取样人、工作内容。

（7）准备好报话机及时与站内总控（调度）联系。

2. 正注操作步骤

（1）打开直井井口注水阀门，注意缓慢开启。

（2）打开斜井井口采卤阀门，注意缓慢开启。

（3）确保井口阀门打开的情况下，配水间缓慢打开注水阀门（图2-2-1中的2#），确保注水量不超过40m^3/h，注意观察压力表和流量计的变化情况。

（4）缓慢打开采卤阀门（图2-2-1中的5#），注意观察压力表和流量计的变化情况。

（5）缓慢打开采卤阀门直至全部开启，待注水和采卤系统达到平衡后，按生产要求调整注水量。

（6）待注采系统平衡后，10分钟内必须及时取样并及时分析，要求24小时内每4小时取样一次。

3. 注意事项：

（1）检查确保压力表和流量计应关闭好上下流闸门（图2-2-1中的1#、6#），看流量计是否落零；放压后，压力表是否落零。

（2）开来水阀时要侧身，未打开前一定要慢慢开。

（3）整个操作过程中，阀门开启要缓慢，流量变化不能过大，尤其是采卤阀门必须逐渐放大，同时要密切关注注水管和采卤管压力变化。

（4）在整个操作过程中，应随时观察注水和采卤的流量变化，及时判断异常情况并及时处理。

4. 操作要求

（1）工作前必须穿戴好劳动保护用品。

（2）必须按调度下达的指令进行操作。

（3）阀门丝杆要经常上黄油，保持开启和关闭时动作灵敏。

二、对流连通井组反注采卤操作

1. 开井前准备

（1）开井前检查确保管线、法兰、闸阀等连接部位应不渗不漏，发现问题及时排除。

（2）检查确保要操作井组井口法兰、闸阀等连接部位应不渗不漏，阀门开关灵活。

（3）检查配水间要操作井组的闸阀是否能够关紧，出现关不紧现象时，应及时修理或更换。

（4）检查确保压力表和流量计应完好、灵敏可靠，发现问题及时修理或更换。

（5）准备好取样用的样瓶。样瓶必须清洗干净，瓶内无杂质；样瓶应有盖，可密封。

（6）取样瓶上应有取样标签，写明取样井号、取样地点、日期、取样人、工作内容。

（7）准备好报话机及时与站内总控（调度）联系。

2. 反注操作步骤

（1）打开直井井口采卤阀门，注意缓慢开启。

（2）打开斜井井口注水阀门，注意缓慢开启。

（3）确保井口阀门打开的情况下，配水间缓慢打开注水阀门（图 2-2-1 中的 3#），控制注水量不超过 $40m^3/h$，注意观察压力表和流量计的变化情况。

（4）缓慢打开采卤阀门（图 2-2-1 中的 4#），注意观察压力表和流量计的变化情况。

（5）缓慢打开采卤阀门直至全部开启，待注水和采卤系统达到平衡后，按生产要求调整注水量。

（6）待注采系统平衡后，10 分钟内必须及时取样并及时分析，要求 24 小时内每 4 小时取样一次。

3. 注意事项：

（1）检查确保压力表和流量计应关闭好上下流闸门（图 2-2-1 中的 1#、6#），看流量计是否落零；放压后，压力表是否落零。

（2）开来水阀时要侧身，未打开前一定要慢慢开。

（3）整个操作过程中，阀门开启要缓慢，流量变化不能过大，尤其是采卤阀门必须逐渐放大，同时要密切关注注水管和采卤管压力变化。

（4）在整个操作过程中，应随时观察注水和采卤的流量变化，及时判断异常情况并及时处理。

4. 操作要求

（1）工作前必须穿戴好劳动保护用品。

（2）必须按调度下达的指令进行操作。

（3）阀门丝杆要经常上黄油，保持开启和关闭时动作灵敏。

复习与思考题：

1. 简易对流井建槽期和生产期采卤操作有什么不同？
2. 油垫对流井与简易对流井相比有什么好处？
3. 简述油垫对流井生产期采卤操作要求。
4. 简述连通井组正注流程采卤操作步骤。

第三章　地下卤水抽汲采卤操作

第一节　抽油机采卤操作

一、抽油机的组成

抽油机主要是由四大部分组成的，见图 3-1-1。

1. 游梁部分：驴头、游梁、横梁、尾梁、连杆、平衡板（复合平衡抽油机）。

2. 支架部分：中央轴承座、工作梯、护圈、操作台、支架。

3. 减速器部分：底船、减速器筒座、减速器、曲柄、配重块、刹车等部件。

4. 配电部分：电机座、电机、配电箱等。

图 3-1-1　游梁式抽油机

二、抽油机各部件的作用及特点

1. 底座：它是担负起抽油机全部重量的惟一基础。下部与水泥混凝土的基础由螺栓连接成一体。上部与支架、减速器由螺栓连接成一体。由型钢焊接而成，是抽油机机身的基础部分。

2. 减速器筒座：它的作用是固定减速器，承担减速器的重量并使减速器提高，使曲柄能够旋转。

3. 电机座：它的主要作用是承载电机的重量。它自成一体，与抽油机底座由螺丝连接。它上面有“井”字钢，目的是为了调整电机的前、后、左、右位置，保持电机轮与减速器轮的“四点一线”。它是由槽钢焊接而成。

4. 电机：电机是动力的来源，一般采用感应式三相交流电动机。它固定在电机座上由皮带传送动力至减速器大皮带轮。前后对角上有两条顶丝可调节皮带的松紧度。

5. 刹车装置：刹车也叫制动器，是由手柄、刹车中间座、拉杆、锁死弹簧、刹车轮、刹车片等部件组成。刹车片与刹车轮接触时发生摩擦而起到制动作用，所以也叫制动器。

6. 减速箱：它是把高速的电动机转数变成低速运动的减速装置，现场多采用三轴两级减速。输出轴上开有两组键槽与曲柄连接，输出动力传递到曲柄，带动曲柄做低速运转。

7. 大皮带轮：电动机把旋转的动力传给皮带，再由皮带传给大皮带轮，由大皮带轮带动输入轴，它是减速器做功的桥梁。

8. 曲柄：它是由铸铁铸就的一个部件，装在减速器输出轴上。曲柄上开有大小冲程的孔眼叫冲程孔，专门为调节冲程所用。两侧外缘有牙槽并有刻度标记。侧面开有的凹槽是装配重块所用，内侧两边缘为平面，尾部有一吊孔。曲柄头部与输出轴的连接，头部为叉型，中间开有与减速器输出轴直径相匹配的孔，并开有键槽。叉型部分由两条拉紧螺栓固定。

9. 配重(平衡)块：是由铸铁铸就的一个部件，上有吊孔(中心线)。

它是由螺丝固定在曲柄上的,当驴头下行时它储存能量,上行时释放能量。能产生旋转惯性,起着驴头上下运动负荷平衡的作用,可在曲柄上前后调整达到抽油机前后平衡。

10. 连杆:它的作用是曲柄与尾梁之间的连接杆件。上部与尾梁连接,用连杆销与尾梁连接在一起,连杆销两侧有拉紧螺栓紧固。下部与曲柄销靠穿销螺丝连接。

11. 游梁:它装在支架轴承上,绕支架轴承作上下摆动运动,尾端与尾横梁通过尾轴连接,前部焊有驴头座,承担驴头重量。游梁可前后移动调节,以便使驴头始终对准井口。在复合平衡的机型中,游梁尾部可挂有尾平衡板。

12. 尾轴承:它起着尾梁和游梁相连的作用,减小摩擦使游梁上下运动较轻便。

13. 驴头:它装在游梁最前端。驴头为弧面,弧面是以中央轴承座的中心点于驴头弧面为半径划出的。它保证了抽油时光杆始终对正井口中心。驴头担负着井内抽油杆、泵摩擦阻力及液柱的重量。

14. 支架:支架支撑着游梁全部重量和它所承担的重量,而且是游梁的可靠支柱。

15. 工作梯及护圈:工作梯是安装游梁、处理驴头偏斜、给中轴加注黄油、平时的检查以及上下游梁等方便工作的扶梯。护圈叫安全圈,在我们高空作业时起到安全保护作用。

16. 中央轴承座:是支架与游梁连接的配件,担负游梁承担的全部重量,而且在一定的轨道上做上下摇摆运动。

17. 悬绳器:也叫绳辫子。是悬挂抽油杆的。为了使光杆在抽油过程中处于固定油井中心位置,因此它本身是柔性结构,在运动中使光杆与驴头结合在一起,并且与驴头的弧面保持相切的方向。下面有上、下两块压板,供光杆穿过后用方卡子将光杆固定。

18. 曲柄销:它将曲柄和连杆连接在一起,与曲柄上的冲程孔、曲销轴、锥套和冕型螺母相连接,与连杆的连接是通过穿销螺丝穿过曲柄销壳来实现的。它在冲程孔的位置决定抽油机冲程的大小,并可通过调整曲柄销的位置来调整抽吸参数。现场上发生曲柄销脱出曲柄的事故较多,也是造成抽油机掉游梁的主要原因,因此它是采卤工应重点关注的部件。

三、抽油机的工作原理

电动机将其高速旋转运动传递给减速箱的输入轴,并经中间轴带动输出轴,联动曲柄作低速旋转运动。同时,曲柄通过连杆牵引游梁前端的驴头,活塞以上液柱及抽油杆等载荷均通过悬绳器悬挂在驴头上,由驴头随同游梁一起上下摆动,带动活塞,垂直往复运动,就将卤水抽出井筒。

四、抽油机采卤法优缺点及适用范围

1. 抽油机采卤法优点:工艺简单成熟,具有设备简单、基建投资少、维修管理方便等优点。缺点:产卤量小,生产成本高。

2. 适用范围:抽油机采卤目前仅应用于中低产井的地下卤水开采。

五、启动游梁式抽油机

1. 操作步骤

(1)带好准备的用具到抽油机井现场,首先检查刹车、皮带是否齐全好用,电源是否正常,井口流程是否正常,特别是光杆卡子打紧没有。

(2)若是被启动的抽油机井有加热炉还要提前点火预热。

(3)确认检查无误后准备启动。启动抽油机的步骤如下。

①松刹车。用手扳刹把,拉起卡簧锁块,向前推刹车把,推到位后再回拉一下,再次向前推送到位,确保刹车毂内刹车片被弹簧弹起。

②盘皮带。用左手向上按下侧皮带的外侧,右手向下按上侧皮带外侧,即用双手卡紧两侧皮带后(注意双手位置不能靠近电动机轮),用力一盘(左手向前推、右手往回拉)后迅速松手,观察曲柄动否(正常应有一个明显的微摆)。

③合空气开关、送电。左手轻扶开着的配电箱门,右手掌(最好戴五指的线手套)扶住空气开关手柄,快速(适力)向上一推,“啪”一声合上。注意在向上推时,脸及身体尽量向左闪开,即躲开空气开关的正前方。

④启动抽油机。提醒抽油机附近的人,要启机了。根据机型大小,心里要有准备需经多次才能使抽油机启动起来。如图 3-1-2 所示,多数抽油机井两次均能正常启动起来。第一次点启动,即按下启动按钮,在曲柄刚提起时(约与垂直位置 150~200m),迅速按下停止按钮,曲柄靠自重要下落回摆,如图 3-1-2 中“3”的位置。等到靠惯性再度回摆(即与启动方向一致)时,迅速再次按下启动按钮,即第二次启动,抽油机会顺利地被启动起来。此时不要开配电箱,观察连杆曲柄有无刮碰,井口有无打光杆、碰卡子等,在确认没有时开始下一步巡回检查。

⑤检查设备运转状况及井口流程(调整炉火)。

⑥用钳形电流表测电流,测算相间平衡、运转平衡情况。

⑦关好配电箱门,记录数据资料,收拾工具,清理现场。

2. 注意事项

(1)检查电源时要小心触电。

(2)盘车(皮带)时不要手握(抓住)皮带。

(3)合、拉空气开关时要侧开身体。

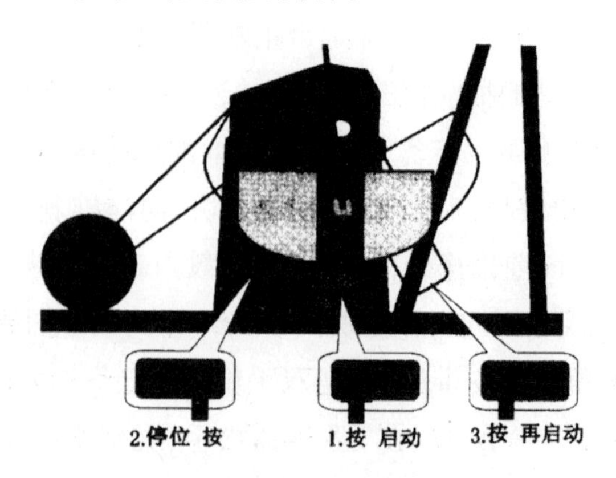

图 3-1-2 二次启动抽油机操作程序示意图

（4）二次启动时（按启动按钮）要等到曲柄回摆方向与启动方向一致，否则会出现电动机烧熔断器或严重烧电机等情况。

（5）若是按启动按钮后电机嗡嗡响而不转（缺相），要迅速按下停止按钮，并通报专业电工来检修（即使是熔断器烧了，也不要求初级操作者检查更换）。

六、停止游梁式抽油机

1. 操作步骤

（1）携带准备好的工具、用具到井场，检查（观看）抽油机运转情况，明确要停机的位置和操作要点，检查井口流程及生产状态。

（2）试刹车（除停机上死点外，其余的停机位置，特别是维修调整时必须进行调试刹车）：通常方法是在曲柄由最低位置刚向上运行约20°时，左手按停止按钮，并同时右手搂（拉）回刹车。如曲柄立即停止，说明刹车好使；如一点点下滑，说明刹车有问题。这时就要松开刹车查找原因，进行调整，并再试刹车，至好用为止。

（3）启动抽油机，待曲柄运行（转）到要停的位置时（如图 3–1–3 所示），左手按停止按钮，右手拉刹车。

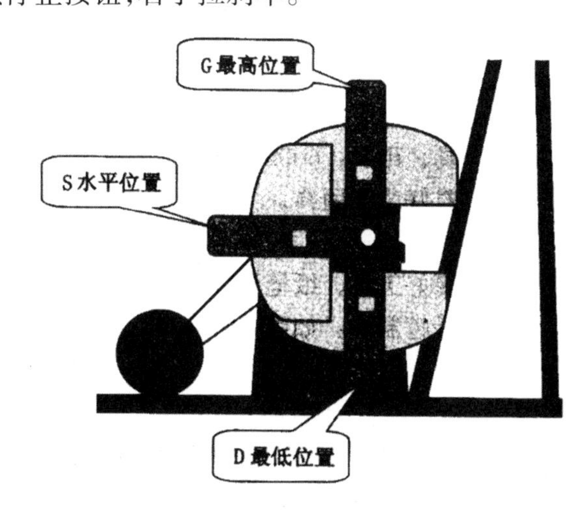

图 3–1–3　抽油机井停机不同位置示意图

①曲柄停在水平位置(后侧),如图 3-1-3 所示的 S 位置。在曲柄由下向上开始上行时,双手就位,与曲柄运行在水平位置或接近水平位置时,按停止按钮,拉回刹车刹住,确认曲柄不动后走到抽油机侧面,仔细观察停机位置是否符合要求。如果抽油机冲速较高(9 次以上的),可能此操作会使曲柄略过水平位置,还可通过松刹车微调,即双手一起缓慢松刹车,看到曲柄刚要下摆时,迅速拉回刹车,这样进行一两次的松一点刹一下,就能停到较理想的位置。

②曲柄停在正上方(驴头下死点),如图 3-1-3 中 G 的位置。方法同①,在曲柄接近正上方时按停止按钮、拉刹车。如冲速快,可略微提前一点,停稳后观察,如不到或过了(不符合要求,即满足不了如图 3-1-3 所示的保养操作)时只好松开刹车重来。

③最低位置(即驴头上死点)。这一位置是最易操作的了,当曲柄运行到最低位置,过一点、提前一点均可,按停止按钮,刹车,停稳后观察情况,如过了(略大些)可用松刹车下放(靠曲柄配重的重力下摆)来调整,停在下死点。此时如果曲柄过了但不回摆,那是因配重过轻所致(需调平衡了)。

(4)在达到应停位置停稳了抽油机后,应马上拉下空气开关(在常规停机操作中除测试示功图时可不拉开关,其余都必须拉下开关)断电。

(5)检查井口流程或维护保养等操作,对初级井矿盐采卤工可不要求进行操作。

(6)挂警示牌,如关井、测压等发现有问题需处理,在操作者离开井时必须挂警示牌,并要注明原因。

2. 注意事项

(1)此项操作刹车必须灵活好用。

(2)操作者必须明白,停机操作与关井是两个不同的概念。

(3)微调停机位置时,松刹车必须缓慢,不要有一次就肯定停到位的想法。

（4）对冲速较快的抽油机进行停机，对要停的位置必须有提前估量。

七、操作要求

1. 开车前的准备工作

（1）检查光杆卡子、光杆盘根盒松紧是否合适，润滑油是否足够，悬绳器滑轮是否正常。

（2）变速箱油量是否足够。（可用量油尺或拧开丝堵，应在两丝堵中间）

（3）检查曲柄、横盘、支架及变速箱各轴承润滑油是否足够。

（4）检查刹车是否灵活完整，应无自锁作用。

（5）检查刹车三角皮带有无油污及其他损坏情况，并校对松紧度。

（6）检查各部件固定螺丝、轴承螺丝、驴头连接螺丝、微差螺丝、平衡块螺丝等有无松动现象，并检查曲柄销螺母及保险销有无松动现象。

（7）曲柄轴、变速箱、电动机皮带以及刹车轮的键是否正常。

（8）检查并取掉运转部分周围妨碍抽油机运转的物件。

2. 开车操作

（1）松开刹车，立即按电钮开关，待电动机启动运转平衡后再松开按钮。

（2）启运时注意事项

①在盘车时禁止用手抓皮带，以免压伤手指。

②按电钮应迅速敏捷。

第二节 潜卤泵采卤操作

一、电动潜卤泵特点组成

电动潜卤泵装置是由三大部分、七大件组成的，如图 3-2-1 所示。

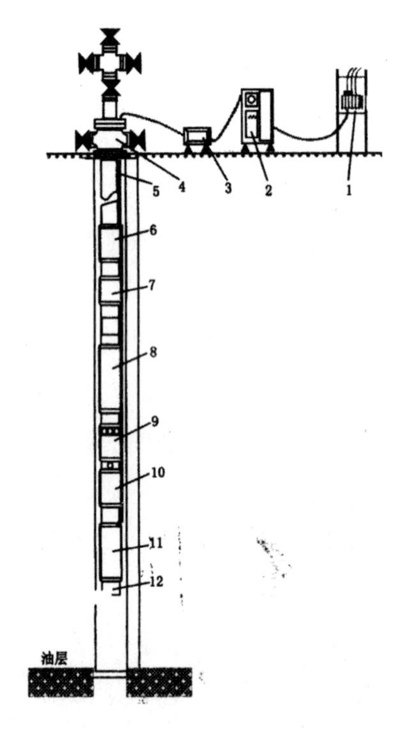

图 3-2-1 电动潜卤泵装置组成示意图

1. 变压器；2. 控制屏；3. 接线盒；4. 井口装置；5. 电缆（动力线）；6. 卸压阀；7. 单流阀；8. 多级离心泵；9. 气液分离器；10. 保护器；11. 潜卤电动机；12. 测试装置

1. 井下部分包括：①多级离心泵；②潜卤电动机；③保护器；④气液分离器。

2. 中间部分指电缆。

3. 地面部分包括：①变压器；②控制屏；③接线盒。

二、电动潜卤泵各部分作用及特点

1. 潜卤电动机

潜卤电动机是机组的动力设备，是将地面输入的电能转化为机械能，进而带动多级离心泵高速旋转。它位于井内机组最下端，与普通的三相鼠笼式异步感应电动机一样，其区别就在于：机身长，转轴为空心，启动转矩大，转动惯量小，绝缘等级高，附带保护器装置及卤浴冷却。

2. 多级离心泵

多级离心泵是给井液增加压力并举升到地面的机械设备，它由两个部分组成的，即转动部分（轴、键、叶轮及轴套等）和固定部分（导壳、泵壳、轴承外套等）。它与普通多级离心泵相比，有以下特点：直径小、长度大、级数多，轴向卸载、径向扶正，吸入口有脱气装置。

3. 保护器

保护器安装在潜卤电动机的上部，是用来保护潜卤电动机的。潜卤电动机虽然结构上和地面电动机基本相同，但它在井下工作环境比较恶劣（卤、气、水压力、温度等），因此要求密封高以保证井液体不能进入电动机内。此外还要能补偿电动机内润滑油的损失，平衡电动机内外腔的压力，传递扭矩。

4. 气液分离器

气液分离器是使井液通过时（在进入多级离心泵前）进行卤气分离，减少气体对多级离心泵特性的影响。目前所使用的气液分离器有沉降式和旋转式两种。

5. 控制屏

控制屏是电动潜卤泵机组的专用控制设备。电动潜卤泵机组的启动、运转和停机都是依靠控制屏来完成的。它主要是由主回路、控制回路、测量回路三个部分组成的。其功能是：能连接和切断供电电源与负载之间的电路；通过电流记录仪，把机组在井下的运行状态反映出来；通过电压表检测机组的运行电压和控制电压；有识别负载短路和超负荷来完成机组的超载保护停机功能；借助中心控制器，能完成机组的欠载保护停机；还能按预定的程序实现自动延时启动；通过选择开关，可以完成机组的手动、自动两种启动方式；通过指示灯可以显示机组的运行、欠载停机、过载停机三种状态。

6. 接线盒

接线盒是用来连接地面与井下电缆的，具有方便测量机组参数和调整三相电源相序（电机正反转）功能。

7. 电缆

电缆是供给井下潜卤电机输送电能的专用电线。

8. 单流阀

单流阀用来保证电动潜卤泵在空载情况下能够顺利启动。停泵时可以防止卤管内液体倒流而导致电动潜卤泵反转。

9. 卸压阀

卸压阀是在修井作业起泵时，剪断其阀芯，使卤管与套管连通便于作业。

三、电动潜卤泵工作原理

电动潜卤泵井工作原理：地面控制屏把符合标准电压要求的电能通过接线盒及电缆输给井下潜卤电动机，潜卤电动机再把电能转换成高速旋转的机械能传递给多级离心泵，从而使经气液分离器进入多级离心泵内的液体被加压举升到地面。与此同时，井底压力（流压）降低，盐层液进而流入井底。此可叙述为两大流程：①潜卤电泵供电流程：地面电源→变压器→控制屏→潜卤电缆→潜卤电机。②潜卤电泵抽卤流程：气液分离器→多级离心泵→单流阀→卸卤阀→井口。

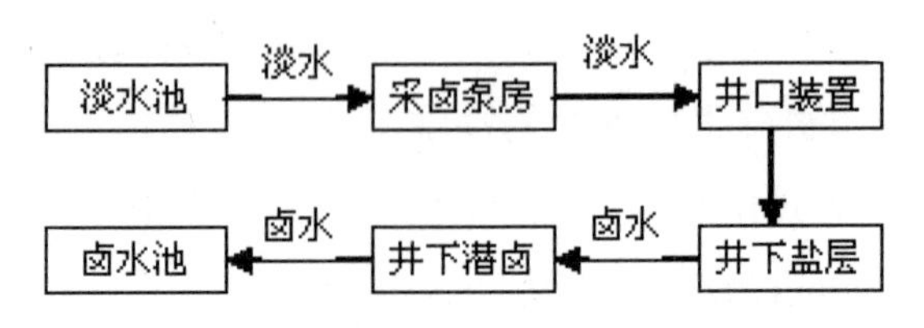

图 3-2-2　潜卤泵采卤工艺流程示意图

四、潜卤泵采卤法的优缺点及适用条件

1. 潜卤泵采卤法的优缺点

潜卤泵采卤法具有井矿盐采卤工艺简单、成熟，卤水产量较大而稳定，在非密闭性盐类矿床开采中卤水生产成本较低等优点。其缺点是基建投资较大，设备维修技术要求较高。

2. 潜卤泵采卤法的适用条件

潜卤泵采卤法较适用于开采系统处于非密闭状态的盐类矿床进行水溶开采，如盐井的技术套管不密封，或盐类矿床中发育断层、裂隙，或盐类矿床开采后期，其顶板垮塌，导致地面下沉、冒卤等。潜卤泵可以在注、采系统处于非密闭状态下运行，它可用于回收水采溶洞中的残余卤水。更重要的是，它可用于溶采矿柱（矿墙），溶采残矿。有的专家认为，即使出现了地面变形，用潜卤泵采卤时，只要做到注、采平衡，就不会发生地面冒卤。地面变形对农业生产的影响较小，亦容易恢复。因此，在目前国内外水溶开采矿山的矿石回采率普遍较低的情况下，用潜卤泵对采区进行后期开采，是提高矿石回采率的有效措施。用潜卤泵进行后期开采，不仅可以提高矿石回采率，还可以获得良好的经济效益。

五、启动电动潜卤泵井

1. 操作步骤

（1）携带好工具、纸笔到井场，首先检查井口流程及压力值是否正常。

（2）查看控制屏。①电压仪表指示（主机 1100V，控制 110V）为正常；②观察指示灯状态，黄灯或红灯亮；③用手拨选择开关：即由原手动位置 hand 旋转到停位（off），指示灯灭，再把选择开关拨到手动位置，此时应是黄灯亮。若红灯亮，说明电路或机组有故障，就不能继续操作了，要请专业人员维修检查；④电流表及电流卡片记录笔均归零。所有指标显示正常就可以启泵了。

（3）启泵。用拇指用力按下启动按钮，立即听到一声“砰”的声音，

绿色指示灯亮，电流卡片上的记录笔大摆（到头）回落在运行位置上，侧上角电流表也显示出了运行电流（或电子数字仪表）。

（4）到井口看压力，听液流声。在确认井下机泵运行起来（从控制屏显示）后，到井口先观察压力表，压力表的压力在听到液流声上来后开始上升，说明井下机组已被启动运行起来。

（5）在卤水压力升到正常，不再有明显上升并稳定后，回到控制屏仔细检查一遍：运行指示绿灯亮，电流表、卡片均正常。

（6）把启泵时间、运行电流、电压、井口卤水压、套压值记录好。

2. 注意事项

（1）本节内容中有些操作超出初级工要求。主要是以下几点：

①检查油嘴，更换电流卡片，是单独操作项目，不是初级井矿盐采卤工的操作范围。

②合电源总闸，调控过欠载值，均超出了初级井矿盐采卤工的范围，故不列入本操作内容。

③若是操作新投产的电动潜卤泵井，则还需对井下机组进行测试、调头等，这些均超出了初级井矿盐采卤工的操作范围。

（2）当按启动按钮，绿灯刚亮（未来得及细查看时）红灯就亮而停机（过载停机）时，不能再次强行启动了。

（3）井口卤水压超过正常值且很高，应及时停泵（把选择开关旋转拨到停的位置即可）检查流程。

（4）停电时间较长、套压过高时应放低套压后再启动电动潜卤泵。

六、电动潜卤泵机组保护

电动潜卤泵井由于其下泵投入费用以及检泵施工费用都比较高，所以对井下机组的保护是相当重要的。

电动潜卤泵井井下机组保护可分为两大部分。

1. 地面保护

（1）电源电路保护，有电压、相序、短路、延时等。

（2）载荷整流值保护：有过载、欠载电流保护。

2. 井下保护

有单流阀、扶正器、潜卤电动机保护器等。

3. 保护回路

电动潜卤泵井井下机组的地面保护都集中在控制屏上，所以要对机组运行电流的过载、欠载保护值有准确的设定，首先要掌握控制屏的组成。由前面的学习可知：电动潜卤泵井的控制屏一般都是由三个回路组成的，即主回路、控制回路、测量回路。其功能分别是：

（1）主回路：电路元器件直接与电源变压器（900~1100V 变压）相连，由隔离闸刀来实现接通和断开，电路控制开关是真空交流接触器。

（2）控制回路：电路是由控制电压调整开关，控制电流自动开关，控制方式选择开关等元器件组成。由于它们不直接与电源连接，所以又叫二次控制回路。控制回路中还应包括中间继电器、压敏电阻、整流电路等部分。

（3）测量回路：电路由电流互感器、电压互感器、电流记录仪、电压电流表等组成。通过这些仪表可对井下机组运行状况及电压与二次回路配合对整个机组运行进行自动控制。

七、操作要求

1. 要定期更换机油（5 号或 10 号机械油或缝纫机油）。

2. 修理或换密封盒后，必须进行气压实验。检查各零件止口配合面处是否漏气。

3. 潜卤电泵长期不用时，要放在干燥通风的室内。

4. 常更换的易损件有整体式密封盒、各种规格的“O”形橡胶密封环、不锈钢轴套、尼龙轴承座、加油螺孔的橡胶垫圈及螺钉等。

复习与思考题：

1. 什么是抽油机采卤法？

2. 抽油机主要是由哪几大部分组成？

3. 抽油机的工作原理是什么？

4. 抽油机采卤法优缺点及适用范围？

5. 启动和停止游梁式抽油机的操作步骤？

6. 启动抽油机的注意事项是什么？

7. 电动潜卤泵是由哪些部分组成？

8. 电动潜卤泵井工作原理是什么？

9. 潜卤泵井矿盐采卤工艺流程是什么？

10. 启动电动潜卤泵井的注意事项有哪些？

第四章　设备维修常用工器具

第一节　常用工器具的种类

一、常用工器具的种类

设备维修常用的夹持、扭紧及拆卸工具有手钳、扳手、管钳等；常用的启重工具有手拉葫芦、千斤顶、锤子等；常用的量具有直尺、卷尺、卡钳、游标卡尺、千分尺、水平仪等；常用的电工工具有低压验电器、手钳、钳形电流表等。

二、常用的工器具分类表

表 4–1–1　常用工器具分类表

<table>
<tr><th></th><th>分类</th><th>亚类</th><th>小类</th><th>工具名称</th><th>适用范围</th></tr>
<tr><td rowspan="12">机械维修常用工器具</td><td rowspan="7">维修工具</td><td rowspan="4">夹持、扭紧、拆卸工具</td><td>手钳</td><td>钢丝钳、鲤鱼钳、尖嘴钳、弯嘴钳、鸭嘴钳、断线钳、紧线钳、铅印钳</td><td rowspan="4">扭紧、固定、拆卸</td></tr>
<tr><td>扳手</td><td>梅花扳手、套筒扳手、呆板手、“F”型扳手</td></tr>
<tr><td>管钳</td><td>—</td></tr>
<tr><td>拉马</td><td>—</td></tr>
<tr><td rowspan="3">起重、砸击、拉力、顶举工具</td><td>手拉葫芦</td><td>环形手拉葫芦、钢丝绳、棕绳等</td><td>拉力、起重</td></tr>
<tr><td>千斤顶</td><td>液压千斤顶、螺旋千斤顶</td><td>起重、顶举</td></tr>
<tr><td>锤子</td><td>手锤、锤子、撬杠</td><td>砸击、顶举</td></tr>
<tr><td rowspan="5">量具</td><td rowspan="4">尺寸测量工具</td><td rowspan="4">尺子</td><td>平直尺、平直钢尺、卷尺、钢卷尺</td><td rowspan="4">长度测量</td></tr>
<tr><td>内卡尺、外卡尺</td></tr>
<tr><td>游标卡尺</td></tr>
<tr><td>千分尺</td></tr>
<tr><td>平面测量仪</td><td>水平仪</td><td>条形水平仪、框式水平仪</td><td>水平度测量</td></tr>
</table>

续表

	分类	亚类	小类	工具名称	适用范围
电工维修常用工器具	维修检测工具	带电检测工具	低压验电器	试电笔	设备维修及检测
			高压验电器	—	
		旋具	螺钉旋具	“十”字起、“一”字起	
		断线、剥线、夹持	绝缘电工钳	断线钳、紧线钳、尖嘴钳	
			电工刀	—	
	检测器具	电流测量	直流电流表	万用表、电流计、电流表	
			交流电流表	钳形电流表	
		电压测量	直流电压表	万用表、电压计、电压表	
			交流电压表	万用表	
		电阻测量	小电阻、普通电阻测量	万用表、电桥	
			绝缘电阻测量	兆欧表	

第二节　常用工器具的使用

一、常用工具的使用

1. 扳手

扳手主要用来紧固和拆卸零部件，通常有五种类型，即梅花扳手、套筒扳手、呆型扳手、活动扳手和“F”型扳手。

图 4-2-1　梅花扳手示意图

(1)梅花扳手

梅花扳手的扳头是一个封闭的梅花形，如图 4-2-1 所示。当螺母和螺栓头的周围空间狭小，不能容纳普通扳手时，就采用这种扳手。梅花扳手常用的规格有 14~17mm、17~19mm、22~24mm、24~27mm、30~32mm 等。

梅花扳手的使用注意事项：

①梅花扳手可以在扳手转角小于 60°的情况下，一次一次地扭动螺母。

②使用时一定要选配好规格，使被扭螺母和梅花扳手的规格尺寸相符，不能松动打滑，否则会将梅花菱角啃坏。

③使用扳手时不能用加力杆，不能用手锤敲打扳手柄，扳手头的梅花沟槽内不能有污垢。

（2）套筒扳手

当螺母或螺栓头的空间位置有限，用普通扳手不能工作时，就需采用套筒扳手，如图 4-2-2 所示。

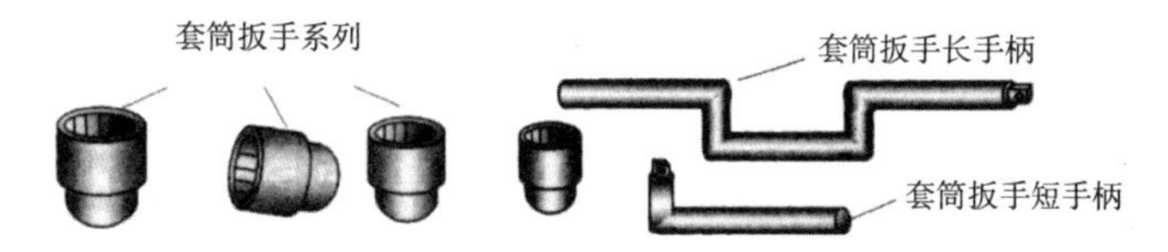

图 4-2-2　套筒扳手组成图

套筒扳手的使用注意事项：

①根据被扭件选准规格，将扳手头套在被扭件上。

②根据被扭件所在位置大小选择合适的手柄。

③扭动前必须把手柄接头安装稳定才能用力，防止打滑脱落伤人。

④扭动手柄时用力要平稳，用力方向与被扭件的中心轴线垂直。

（3）呆型扳手

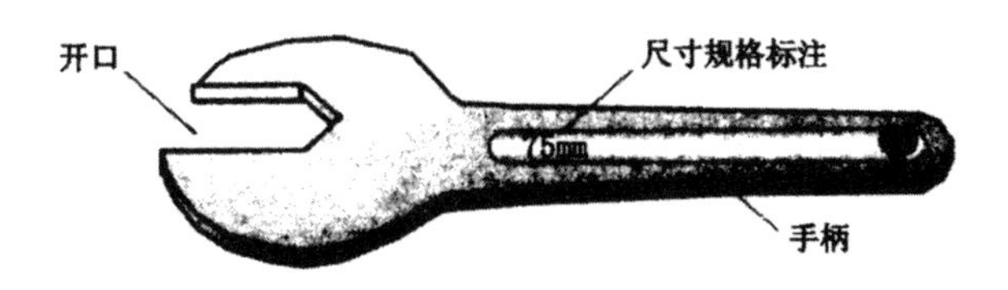

图 4-2-3　呆型扳手示意图

呆型扳手是一种固定尺寸的专用工具，如图 4-2-3 所示，呆型扳手主要是干专项活用的，在扭矩较大时，可与手锤配合使用。

呆型扳手的使用方法是：在需要较大力量时，不能打滑、砸手，更不能用过大的手锤。

（4）活动扳手

活动扳手又叫活络扳手，其开口宽度可以调节，能扳一定尺寸范围内的螺栓或螺母。活动扳手是用来紧固和拧松螺母的一种专用工具，如图 4-2-4 所示。它由头部和柄部组成，而头部则由活络扳唇、呆扳唇、扳口、蜗轮和轴销等构成。旋动蜗轮就可调节扳口的大小。

常用的活动扳手有 150mm、200mm、250mm、300mm 四种规格，如表 4-2-1 所列。由于它的开口尺寸可以在规定范围内任意调节，所以特别适于在螺栓规格多的场合使用。

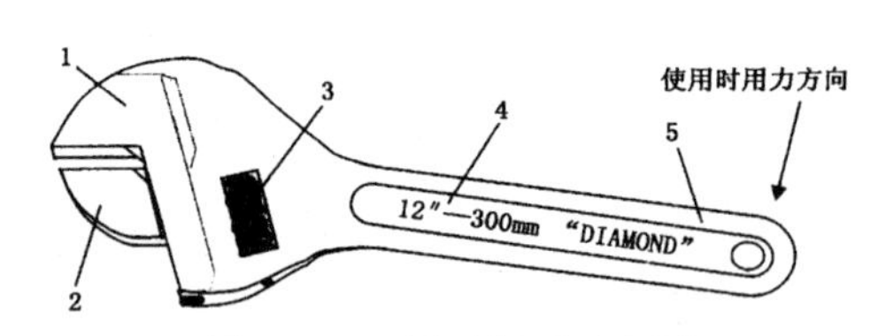

图 4-2-4　活动扳手示意图

1. 呆扳唇；2. 活络扳唇；3. 蜗轮和轴销；4. 尺寸标识；5. 手柄

表 4-2-1　常用活动扳手的规格

长度（mm）	100	150	200	250	300	350	375	450	600
开口最大宽度（mm）	14	19	24	30	36	41	46	55	65

活动扳手的使用注意事项：

①应将扳唇紧压螺母的平面。

②扳动大螺母时，手应握在接近手柄尾处。

③扳动较小的螺母时，手应握在接近头部的位置。

④施力时手指可随时旋调蜗轮，收紧活络扳唇，以防打滑。

⑤活动扳手不可反用，以免损坏活动扳唇，也不可用钢管接长手柄来施加较大的力矩。

⑥活动扳手不可当作撬棒或手锤使用。

（5）“F” 型扳手

"F" 型扳手是工人在生产实践中 "发明" 出来的，如图 4-2-5（a）所示，是由钢筋棍直接焊接而成的，主要应用于闸门的开关操作，是非常简单好用的专用工具。其规格通常为前后力臂距 150mm，力臂杆长 100mm，总长是 600~700mm。

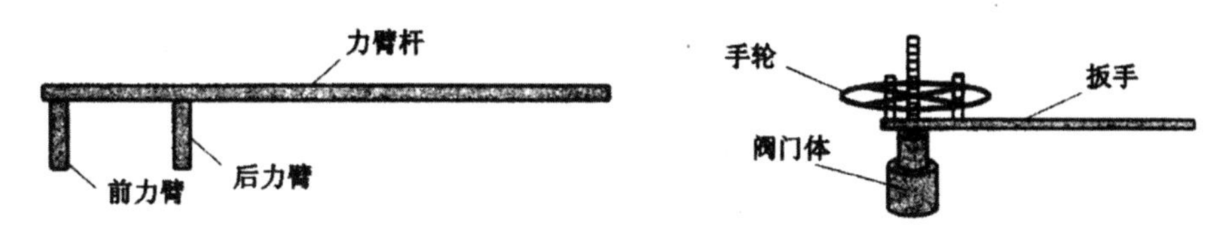

（a）"F" 型扳手结构图　（b）"F" 型扳手使用示意图

图 4-2-5　"F" 型扳手及使用示意图

"F" 型扳手使用使用注意事项：

①应把两个力臂插入阀门手轮内，在确认卡好后，可用力开关操作。

②在开压力较高的阀门时一定要按照如图 4-2-5（b）所示进行操作，以防止丝杠打出伤人。

2. 管钳

管钳是用来转动金属管或其他圆柱形工件的，是管路安装和修理的常用工具。管钳的结构见图 4-2-6（a）。

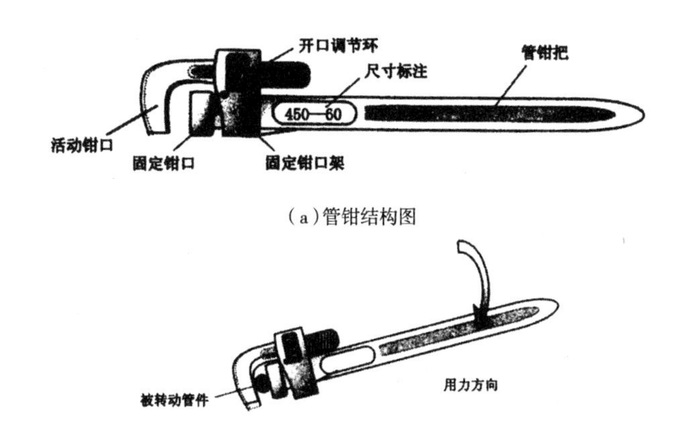

（a）管钳结构图

（b）管钳使用示意图

图 4-2-6　管钳及使用示意图

管钳规格是指管钳合口时整体长度，如人们常说的 24in、36in、48in 就是指的管钳长度，常用的管钳规格如表 4-2-2 所列。

表 4-2-2 常用管钳规格

管钳规格（mm）（in）	使用范围（mm）	可钳管子最大直径（mm）
450（18）	40 以下	60
600（24）	50~62	75
900（36）	62~76	85
1200（48）	76~100	110

管钳的使用注意事项：

（1）使用方法如图 4-2-6（b）所示。

（2）要选择合适的规格。

（3）钳头开口要等于工件的直径。

（4）钳头要卡紧工件后再用力扳，防止打滑伤人。

（5）用加力杆时长度要适当，不能用力过猛或超过管钳允许强度。

（6）管钳牙和调节环要保持清洁。

3. 环链手拉葫芦

环链手拉葫芦是一种悬挂式手动提升机械，是生产车间维修设备和施工现场提升移动重物件的常用工具，其结构如图 4-2-7 所示。环链手拉葫芦的规格是指起重量（t）、起重高度（m）、手拉力（kg）、起重链数。如型号为 SH2 的环链手拉葫芦起重量 2t、起重高度 3.0m、手拉力 32.5kg 等。

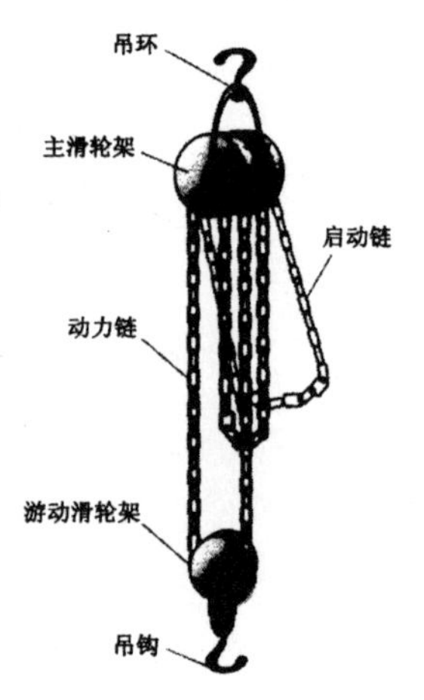

图 4-2-7 环链葫芦示意图

环链手拉葫芦的使用注意事项：

（1）悬挂环链手拉葫芦的支架或吊环必须有足够的支撑和悬挂强度。

（2）被起吊的重物不得超过环链葫芦的允许起重的范围。

（3）悬吊重物所用的绳套必须牢固，长度

适当。

（4）拉动环链要缓慢平稳，不能用力过猛。

（5）拉动前应检查环链有无损伤，防止中途断裂。

（6）环链手拉葫芦吊起的重物摆动不要过猛，重物下面严禁站人。

4. 棕绳

棕绳是起重、高空作业时常用的辅助用具。在现场用以扶正、捆绑等，它通常是由棕、麻等材料编制而成的，如图 4-2-8（a）所示。

使用方法关键是正确合理地打好绳扣，以具体操作确定。

5. 钢丝绳（绳套）

钢丝绳是起重、吊装、迁移设备和重配件等必不可少的用具，如图 4-2-8（b）所示，如换电机、换抽油机井光杆、调参等操作都需要使用。它通常是由各种特制规格的钢丝编制而成的，其规格是以直径大小来决定的。两头环套是由专业人员插编或绳卡子打结而成的。

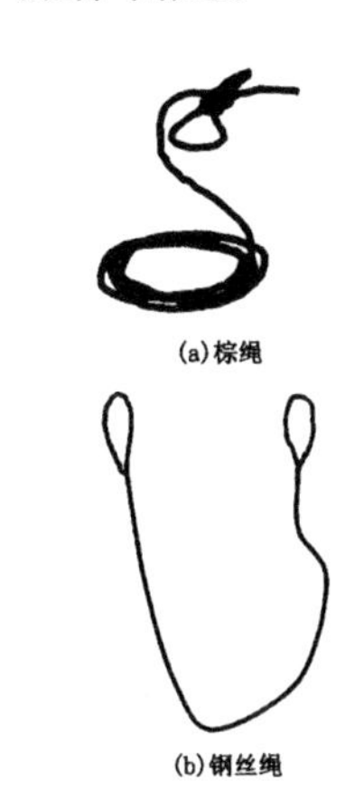

图 4-2-8　棕绳、钢丝绳示意图

钢丝绳使用注意事项：

（1）主要由被吊物的重量来选择规格。

（2）用前要仔细检查好套环有无松脱、有无断股等迹象。

6. 液压千斤顶

液压千斤顶是用液体压力来顶举重物的，常用的液压千斤顶有 11 种规格，按其最大起重量分为 3t、5t、8t、12.5t、16t、20t、32t、50t、100t、200t 和 320t，它的结构组成如图 4-2-9 所示。

液压千斤顶使用注意事项：

（1）使用液压千斤顶要选择合适的型号。

（2）打开卸压阀使千斤顶活塞降到最低位置。

（3）千斤顶的底座要垫平，最好用方木板增大承压面积。

（4）被顶升的物件与丝杠顶杆要求接触平稳，有时也可加顶板，防止将物件顶变形。

（5）被顶重物在千斤顶上重量要平衡，防止倾斜打滑。

（6）用手压泵打压举升千斤顶活塞，试顶无误后再继续顶升。

7. 螺旋千斤顶

螺旋千斤顶是用螺旋传动来顶举重物的。使用时将螺旋旋至最低位置，加好垫板，而后慢慢摇动螺旋使丝杠顶杆上升顶压重物。按其最大起重量可分为 5t、l0t、15t、30t、35t 和 50t 共 6 种规格，其结构基本与图 4-2-9 所示一致。

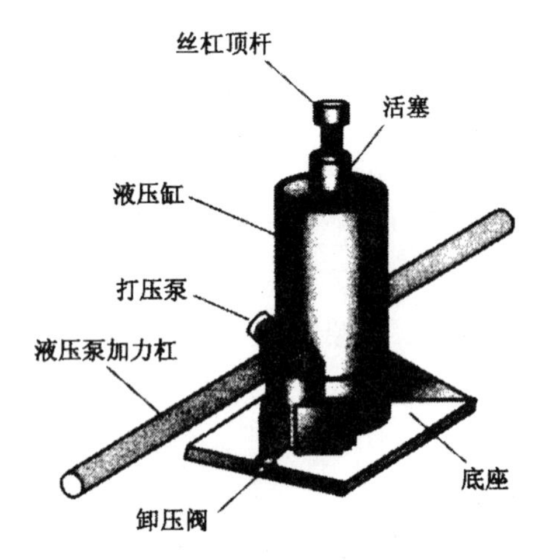

图 4-2-9 液压千斤顶示意图

螺旋千斤顶的使用注意事项：

（1）选择好规格，不能超负荷顶举重物。

（2）千斤顶摆放必须平稳，丝杠顶杆要垂直地面，防止承压后将丝杠顶杆蹩弯。

（3）螺旋丝杠要经常清洗保养打油，防止生锈、腐蚀。

（4）搬运螺旋千斤顶时要防止磕碰丝杠顶杆。

8. 锤子、手锤、撬杠

锤子、手锤、撬杠均是用途较多的常用工具，如图 4-2-10 所示。

锤子主要是用来砸击重物的。手锤主要是用来敲击轻物的，二者的规格均用多少磅或千克来标注。撬杠是用以撬起、迁移、活动物体的，其大小不一，一般都是依据实际而定。

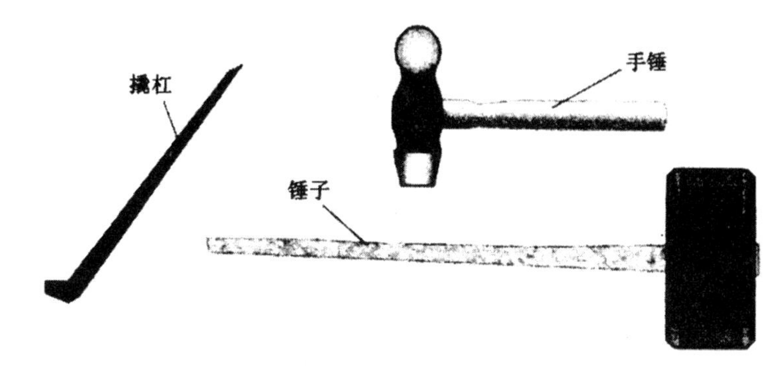

图 4-2-10　锤子、手锤、撬杠示意图

使用注意事项：

（1）操作空间要够用，工具要握住，人要站稳。

（2）操作时一定要看准物件进行，不能砸手、脚或砸伤他人。

二、常用量具的使用

常用的量具有平直钢尺、钢卷尺、卡尺、游标卡尺、外径千分尺、塞尺、水平仪等。

1. 平直钢尺

平直钢尺是一种精度较低的测量工具，如图 4-2-11 所示，按测量上限分为 150mm、300mm、500mm 和 1000mm 数种规格。

图 4-2-11　平直钢板尺示意图

平直钢尺的使用注意事项：

（1）测量时必须保证钢尺的平直度。

（2）连续测量时，必须使首尾测线相接，并在一条直线上。

（3）用钢尺画线时，注意保护钢尺的刻度和边缘。

2. 钢卷尺

钢卷尺是生产现场施工与规划中不可缺少的常用的精度较低的测量工具，如图 4-2-12 所示，其常用的规格有 2m、3m、5m 三种。

钢卷尺的使用注意事项：

（1）拉伸钢卷尺要平稳，不能速度过快，拉出时尺面与出口断面相吻合，防止扭卷。

（2）测量时必须保持测量卡点在被测工件的垂直截面上。

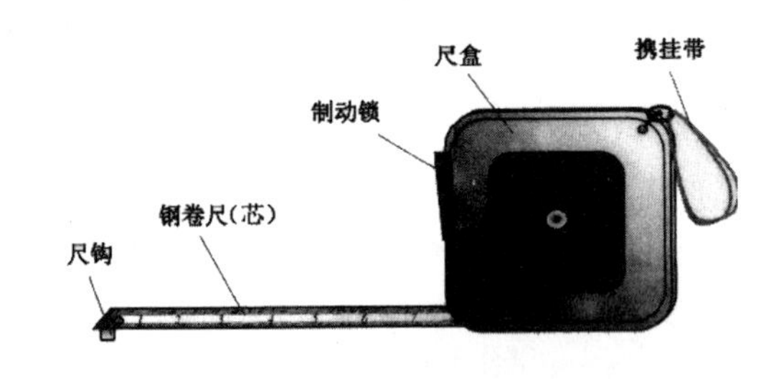

图 4-2-12 钢圈尺示意图

3. 卡尺

卡尺是一种间接测量工具，用它来度量尺寸时要在工件上测量，再与量具比较，才可得出数据，如图 4-2-13 所示。常用的卡尺有内、外卡尺两种。

卡尺的使用注意事项：

（1）调整卡尺的开度，轻敲卡尺脚，不要敲击或扭歪钳口。

（2）测外径时卡尺应与工件成直角。

（3）测内径时一脚作支撑，另一脚摆动探试测出最大值。

（4）卡尺中轴不能自由松动。

4. 游标卡尺

游标卡尺是一种中等精度的量具，它可以直接测出工件的内外尺寸，如图 4-2-14（a）所示。常用的游标卡尺有 150mm 和 200mm 两种规格，这两种游标卡尺的精度均为 0.02mm。

游标卡尺的使用注意事项：

（1）使用游标卡尺测量工件的尺寸时，应先检查尺况，再校准零位，即主副两个尺上的零刻度线同时对正，即为合格，这样才可以使用。

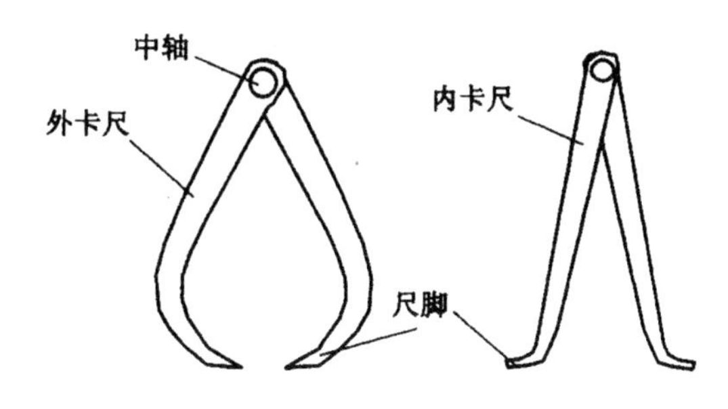

（a）内、外卡尺结构示意图

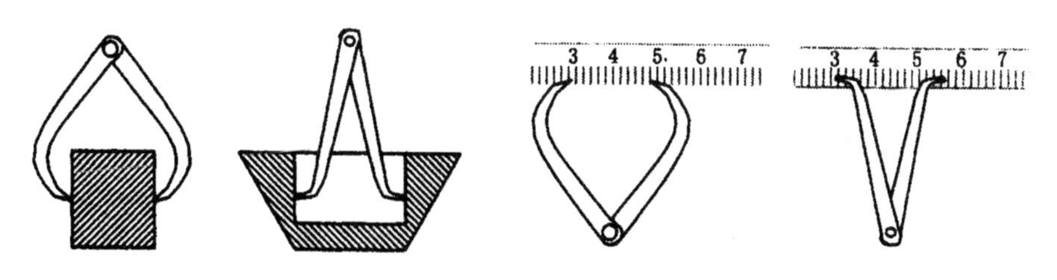

测工件外尺寸　　测工件内尺寸　　（c）内、外卡尺读数示意图

图 4-2-13　内、外卡尺及其使用示

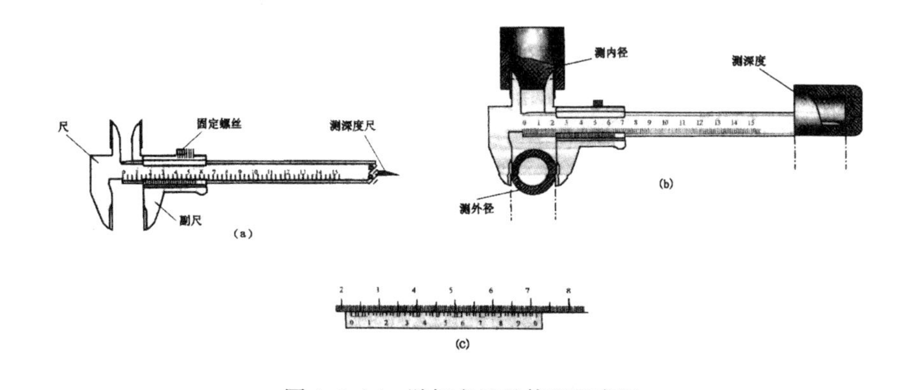

图 4-2-14　游标卡尺及使用示意图

（a）游标卡尺结构图；（b）游标卡尺测量示意图；
（c）游标卡尺读数示意图

（2）测量工件外径时，应先将两卡脚张开得比被测尺寸大些，而测量工件的内尺寸时，则应将两卡脚张开的比被测工件尺寸小些，然后使固定卡脚的测量面贴靠工件，轻轻用力使副尺上活动卡脚的测量面也贴紧工件,并使两卡脚测量面的连线与所测工件表面垂直,再拧紧固定螺丝,如图 4-2-14(b)所示。

(3)在主尺上读出副尺零位的读数,如图 4-2-14(c)所示。

(4)再在副尺上找到和主尺相重合的读数,将此读数除 100 即为毫米数,将上述两数值相加,即为游标卡尺测得的尺寸。

(5)读数时要在光线较好的地方进行,不能斜视读数,绝不能读出如 23.17mm、4.01mm、0.65mm 之类的数据,因为副尺的精度为 0.02mm,所测得的最后一位小数应是 0.02 的倍数才对。

5.(外径)千分尺

外径千分尺又称为分厘卡、螺旋测微器,它是一种精度较高的量具,如图 4-2-15 所示。千分尺主要是用来测量精度要求较高的工件。其精度可达 0.01mm,比游标卡尺精度高出一倍。常用的有 50~75mm、75~100mm 等多种千分尺。

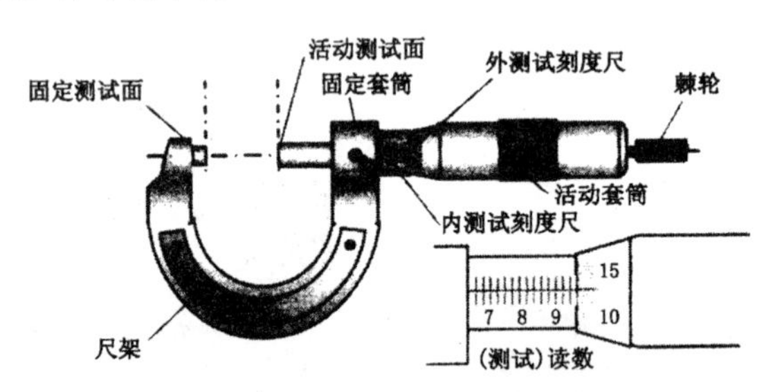

图 4-2-15 千分尺及使用示意图

千分尺的使用注意事项:

(1)将千分尺的测量面擦拭干净,检查零位是否准确。

(2)将工件的被测表面擦拭干净。

(3)用单手或双手握持千分尺,先转动活动套筒,千分尺的测量面一接触工件表面就转动棘轮,当测力控制装置发出“嗒嗒”声时,停止转动,此时即可读数。

(4)读数时,要先从内测试刻度尺刻线上读取毫米数或半毫米数,再从外测试刻度尺(即活动套筒)与固定套筒上中线对齐的刻线上读取格数（每一格为 0.01mm），将两个数值相加，就是测量值。

（5）不可用千分尺测量粗糙工件表面。使用后，测量面要擦拭干净，并加润滑油防锈，然后放入盒中保存。

6. 塞尺

塞尺又称测微片或厚薄规，它由许多不同厚度的钢片组成。尺长度有 50mm、100mm、200mm 等几种，如图 4-2-16 所示。

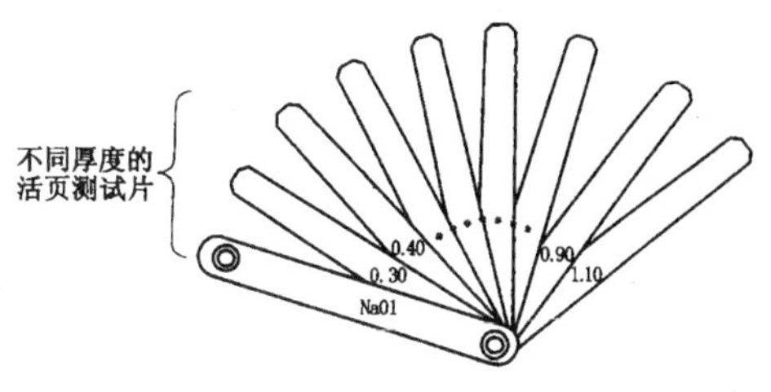

图 4-2-16　塞尺示意图

塞尺的使用注意事项：

（1）塞尺用来测量两个零件配合表面的间隙，测量前应清除塞尺和工件上的污垢。

（2）测量时可用一片或数片重叠插入间隙，但不允许硬插，也不允许测量温度较高的零件。

（3）测量时如果用 0.04mm 的一片能插入两零件间隙，但用 0.05mm 的一片却不能插入，则该间隙的尺寸在 0.04~0.05mm 之间。

7. 水平仪

水平仪是一种常用的精度不高的平面测量仪器，分为条形水平仪和框式水平仪两种。如图 4-2-17 所示，条形水平仪的主水准器用来测量纵向水平度，小水准器则用来确定水平仪本身横向水平位置。水平仪的底平面为工作面，中间制成“V”形槽，以便安装在圆柱面上测量水平。当水准器内的气泡处于中间位置时，水平仪便处于水平状态；当气泡偏向一端时，表示气泡靠近一端的位置较高。框式水平仪的每个侧面都可作为工作面，各侧面都保持精确的直角关系。

水平仪使用注意事项：

（1）测量前应检查水平仪的零位是否正确。

（2）被测表面必须清洁。

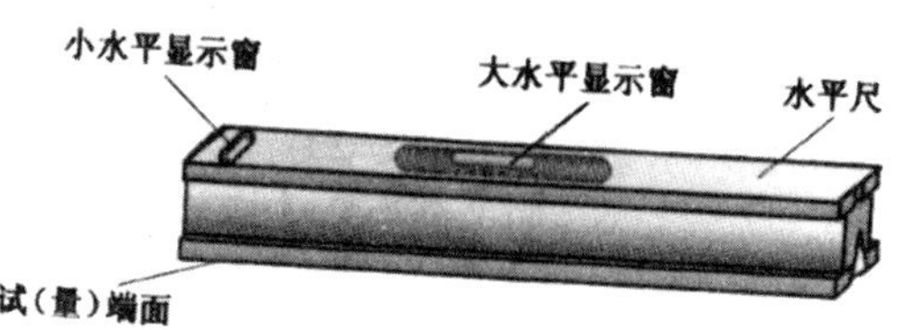

图 4-2-17　水平仪示意图

（3）必须在水准器内的气泡完全稳定时才可读数。

（4）水平仪的示值，应在垂直于水准器的位置上读取。被测工件两点的高度差可按以下公式计算：H=ALa。公式中，H为两支点间在垂直面内的高度差（单位：mm）；A为气泡偏移格数；L为被测工件的长度（单位：mm）；a为水平仪精度。

三、常用电工工具的使用

1.验电器（试电笔）

验电器是检验导线和电器设备是否带电的一种电工常用工具，分为低压验电器和高压验电器两种。低压验电器又称试电笔、测电笔（简称电笔）。按其结构形式分为笔式和螺丝刀式两种，如图4-2-18所示。按其显示元件不同分为氖管发光指示式和数字显示式两种。

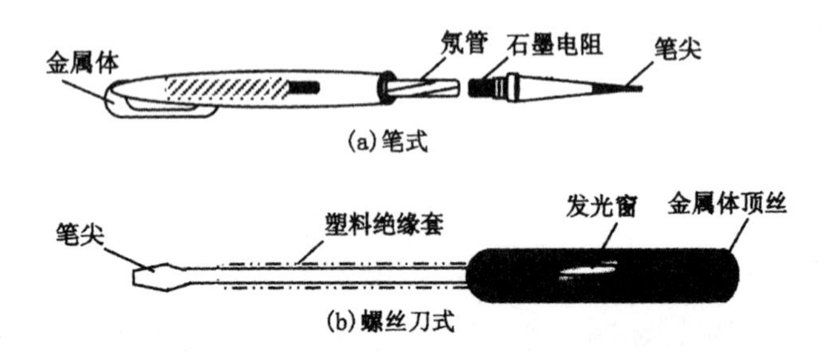

图4-2-18 氖管发光（低压）指示式验电器

氖管发光指示式验电器有氖管、电阻、弹簧、笔身和笔尖等部分组成，数字显示式验电器如图4-2-19所示。使用数字显示式试电笔，除了能知道线路或电器设备是否带电以外，还能够知道带电体电压的数值。

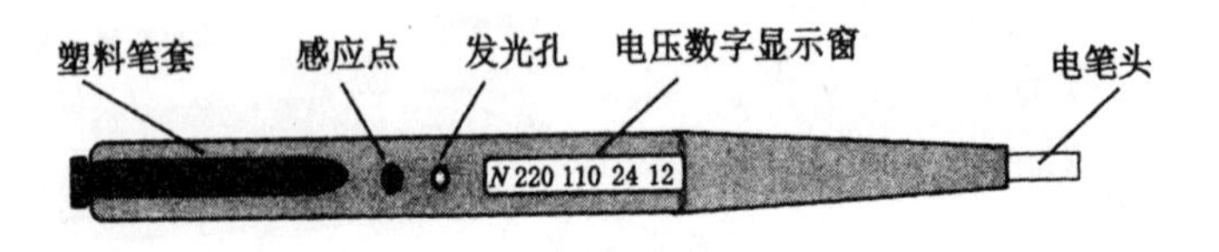

图4-2-19 数字显示式（低压）验电器

低压验电器的使用注意事项：

（1）使用以前，先检查电笔内部有无柱形电阻（特别是新领来的长期未使用的电笔更应检查）。若无电阻，严禁使用，否则将发生触电事故。

（2）一般用右手握住电笔，左手背在背后或插在衣裤口袋中，必须按正确姿势握笔，以食指触及笔尾的金属体，笔尖触及被测物体，使氖管小窗背光朝向自己。

（3）验电前，先将电笔在确实有电处试测，只有氖管发光，才可使用。当被测物体带电时，电流经带电体、电笔、人体到大地形成通电回路。

（4）只要带电体与大地之间的电位差超过 60V，试电笔中的氖管就会发光，电压高发光强，电压低发光弱。在明亮光线下不容易看清氖管是否发光，应注意避光。

（5）人体的任何部位切勿触及与笔尖相连的金属部分。同时需防止笔尖同时搭在两线上。

（6）用数字显示式验电器验电，其握笔方法与氖管指示式电笔相同。带电体与大地之间的电位差在 2~500V 之间，试电笔都能显示出来。

2. 螺钉旋具

螺钉旋具又称螺旋凿、起子、改锥和螺丝刀，它是一种坚固和拆卸螺钉的工具。见图 4-2-20。螺钉旋具的式样和规格很多，按头部形状可分为“一”字形和“十”字形两种。“一”字形螺钉旋具常用的有 50mm、100mm、150mm 和 200mm 等规格，电工必备的是 50mm 和 150mm 两种。“十”字形螺钉旋具专供紧固或拆卸“十”字槽的螺钉使用，常用的有四种规格：1 号适用于直径为 2.0~2.5mm 的螺钉，2 号适用于直径为 3~5mm 的螺钉，3 号适用于直径为 6~8mm 的螺钉，4 号适用于直径为 10~12mm 的螺钉。

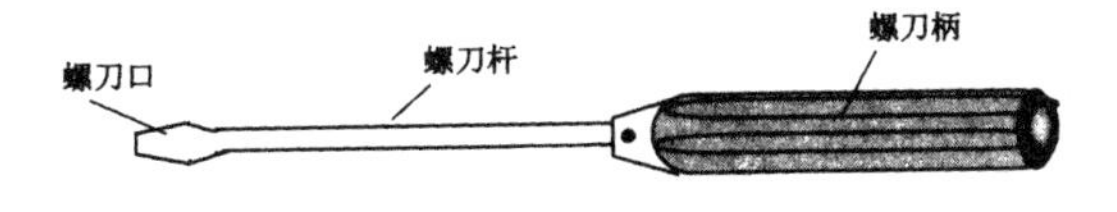

图 4-2-20　普通螺钉旋具示意图

螺钉旋具的使用注意事项：

（1）电工不可使用金属杆直通顶的螺钉旋具，否则很容易造成触电事故。

（2）使用螺钉旋具紧固或拆卸带电的螺钉时，手不要触及螺钉旋具的金属杆（螺刀杆），以免发生触电事故。

（3）为了防止螺钉旋具的金属杆触及皮肤或邻近带电体，应在金属杆上套上绝缘管（螺刀柄）。

3. 手钳

电工常用的钳子有钢丝钳、尖嘴钳、断线钳、紧线钳等，这里主要介绍前三种钳子。

（1）钢丝钳

钢丝钳有绝缘柄和裸柄两种。绝缘柄钢丝钳为电工专用钳（简称电工钳），常用的有150mm、175mm和200mm三种规格，如图4-2-21所示。裸柄钢丝钳，电工禁用。电工钳的用法可以概括为四句话：剪切导线用刀口，剪切钢丝用铡口，扳旋螺母用齿口，弯绞导线用钳口。

电工钳的使用注意事项：

①使用前，应检查绝缘柄的绝缘是否良好。

②用电工钳剪切带电导线时，不得用钳口同时剪切相线和零线，或同时剪切两根相线，那样均会造成线路短路。

③钳头不可代替手锤作为敲打工具。

（2）尖嘴钳

尖嘴钳的头部尖细，适于在狭小的工作空间操作。尖嘴钳也有裸柄和绝缘柄两种。裸柄尖嘴钳，电工禁用。绝缘柄的耐压强度为500V，常用的有130mm、160mm、

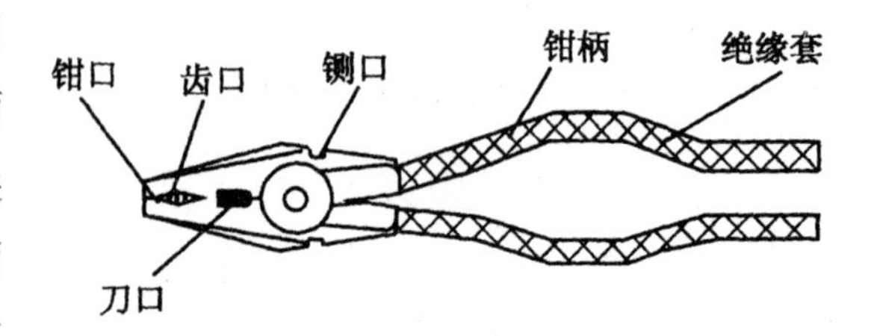

图4-2-21 绝缘柄钢丝钳示意图

180mm、200mm 四种规格，如图 4-2-22 所示。其握法与电工钳的握法相同。

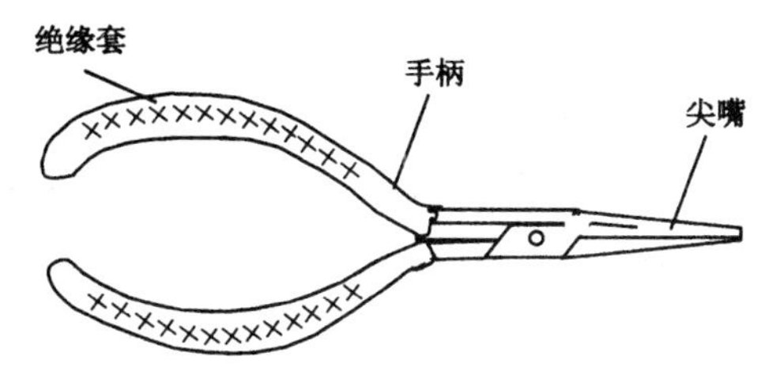

图 4-2-22　尖嘴钳(电工用的)结构示意图

尖嘴钳的使用注意事项：

①电器维修必须用绝缘柄尖嘴钳。

②使用时不能用尖嘴去撬工件以免钳嘴撬变形。

③刃口尖嘴钳只能剪切金属丝，不能剪钢质粗丝。

④带电作业前必须检查绝缘套是否漏电。

(3)断线钳

断线钳又称斜口钳，有裸柄、管柄和绝缘柄三种，其中裸柄断线钳禁止电工使用。绝缘柄断线钳的耐压强度为 1000V。其特点是剪切口与钳柄成一角度，适用于狭小的工作空间和剪切较粗的金属丝、线材和电线电缆。常用的有 130mm、160mm、180mm、200mm 四种规格。

4. 电工刀

电工刀是用来剖削导线线头，切割木台缺口，削制木棒的专用工具，其结构如图 4-2-23 所示。电工刀是一个小而多用途的工具，一般都是由四件组成的。

电工刀的使用注意事项：

(1)剖削导线绝缘层时，刀口应朝外，刀面与导线应成较小的锐角。

(2)电工刀刀柄无绝缘保护，不可在带电导线或带电器材上剖削，以免触电。

(3)电工刀不许代替手锤敲击使用。

(4)电工刀用毕，应随即将刀身折入刀柄。

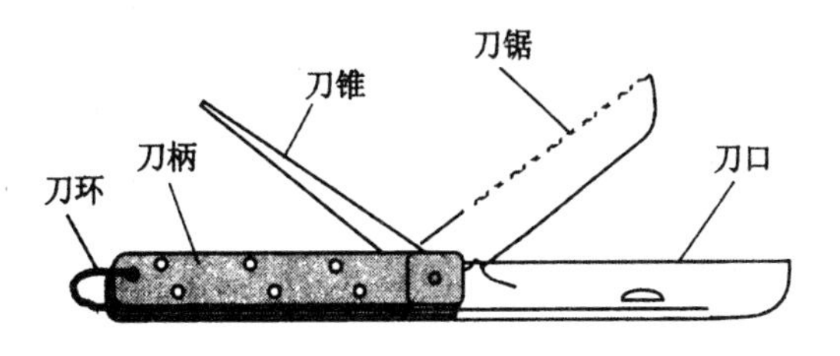

图 4-2-23　电工刀结构示意图

5. 钳型电流表

钳型电流表的精确度

虽然不高(通常为 2.5 级或 5.0 级),但由于它具有不需要切断电即可测量的优点,所以得到广泛应用。例如,用钳型电流表可以测试三相异步电动机的三相电流是否正常,测量照明线路的电流平衡程度等。钳型电流表按结构原理的不同,分为交流钳型电流表和交、直流两用钳型电流表。图 4-2-24 所示为两种常用的钳型电流表,图(a)为"东海"牌500 型旧型钳型电流表,图(b)为 MG-28 型新型钳型电流表。二者测电流的原理是一致的,不同的是新型电流表附加的测试内容多(直流电阻等)一些。

钳形电流表使用注意事项:

(1)测量前,应检查仪表指针是否在零位。若不在零位,则应调到零位。同时应对被测电流进行粗略估计,选择适当的量程。如果被测电流无法估计,则应先把钳型表置于最高档,逐渐下调切换,至指针在刻度的中间段为止。

(2)应注意钳型电流表的电压等级,不得用低压表测量高压电路的电流。

(3)每次只能测量一根导线的电流,不可将多根载流导线都夹入钳口测量。被测导线应置于钳口中央,否则误差将很大(大于 5%)。当导线夹入钳口时,若发现有振动或碰撞声,应将仪表活动手柄转动几下,或重新开合一次,直到没有噪声才能读取电流值。测量大电流后,如果还要测量小电流,应打开钳口几次,以消除铁心中的余磁,提高测量准确度。

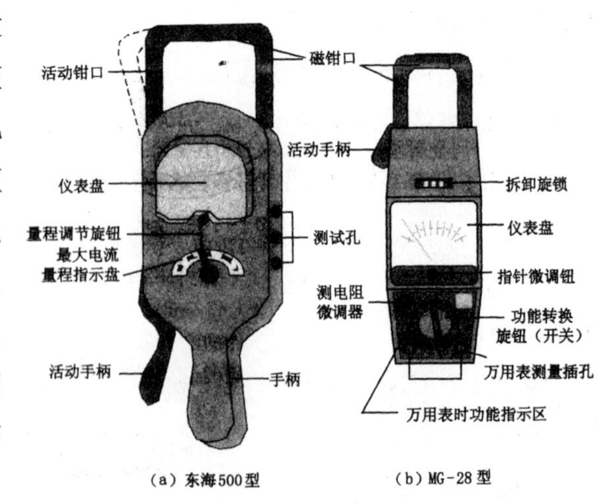

图 4-2-24 常用钳型电流表示意图

(4)在测量过程中

不得切换量程，否则就会造成二次回路瞬间开路，感应出高电压而击穿表内元件。若是选择的量程与实际数值不符，需要变换量程时，应先将钳口打开。

（5）若被测导线为裸导线，则必须事先将邻近各相用绝缘板隔离，以免钳口张开时出现相间短路。

（6）测量时，如果附近有其他载流导体，所测的值会受到载流导体的影响而产生误差，此时应将钳口置于远离其他导线的一侧。

（7）每次测量后，应把调节电流量程的切换开关置于最高档位，并开几次钳口，以免下次使用时因为未选择量程就进行测量而损坏仪表。

（8）有电压测量档的钳型表，电流和电压要分开测量，不得同时测量。

（9）测量 5A 以下电流时，为获得较为准确的读数，若条件许可，可将导线多绕几圈放进钳口测量，此时实际电流值为钳型表的示值除以所绕导线圈数。

（10）测量时应带绝缘手套站在绝缘垫上，读数时要注意安全，切勿触及其他带电部分。

（11）钳形电流表应保存在干燥的室内，钳口处应保持清洁，使用前后都应擦拭干净。

本章复习题：

1. 使用套筒扳手的方法？
2. 活动扳手的使用注意事项是什么？
3. 管钳的使用注意事项是什么？
4. 游标卡尺的使用注意事项是什么
4. 电工常用的钳子有哪些，注意事项是什么？
5. 钳形电流表的使用特点是什么？

第五章 采输卤常用仪器、设备和设施

第一节 采输卤常用仪器、仪表

一、常用仪器、仪表

井矿盐采卤工常用仪器和仪表包括温度仪表、压力仪表、物位仪表、流量仪表、波美计。

（一）常用仪表的基本概念

1. 计量仪表及特性

（1）计量仪表：将被测量值转换成可直接观察的示值或等效信息的器具，如压力表、温度计、传感器、记录仪和调节器等。

（2）传感器：直接作用于被测量对象，并能按一定规律将测量结果转换成同种或别种量值输出的器件，如热电偶、热电阻和氢化铁等。

（3）变送器：输出为标准信号的传感器，如压力变送器、温度变送器和电流变送器等。

（4）量程：测量范围上限值和下限值之差，如测量范围 -20℃~40℃，其量程为 60℃。

（5）测量范围：在允许误差限内，计量器具所具有的可测量值的范围。

（6）死区：不引起计量仪表响应的任何可观察变化的最大激励变化范围。

（7）数字信号：具有两种状态的电信号，如“开”或“关”、“高”或

“低”、“正”或“负”。这里数字的含义是指二进制或两种状态。数字信号也称开关信号。

（8）模拟信号：具有连续变化状态的电信号，它可以从各种模拟传感器中获得。

2. 测量及误差

（1）测量：以确定被测对象量值为目的全部操作。

（2）测量误差：测量结果与该量真实大小之间的差异。测量误差可用绝对误差表示，也可用相对误差表示。

误差 = 测量值 – 真实值

（3）绝对误差：测量结果与被测量真值之差。对相对误差而言，这种误差称为绝对误差。

（4）相对误差：测量的绝对误差与被测量真值之比。

相对误差 = 绝对误差 / 真实值

测量值 + 修正值 = 真实值

（5）引用误差：计量仪表的绝对误差与其特定值之比。特定值可以是计量器具的量程或标称范围的最高值。

例：标称范围为 –50℃ ~100℃的温度计，当温度计示值为 80℃时，测得温度实值为 79.4℃，则温度计的引用误差为：

$$\frac{\text{温度示值}-\text{测量实值}}{\text{量程}}\times 100\% = \frac{80.0-79.4}{150}\times 100\% = 0.4\%$$

（6）回程误差：在相同条件下，被测量值不变，计量仪表行程方向不同时其示值之差的绝对值。回程误差也称滞后误差。

（7）偏差：计量仪表的实际值与标称值之差。用于调节系统时，为给定值与测量值之差。

（二）常用温度测量仪表

1. 温度仪表的分类

（1）按测量范围分

①低温计：测量温度在 550℃以下。

②高温计：测量温度在5500℃以上。

（2）按测量方法分

①接触式测温仪表。

②非接触式测温仪表。

（3）按工作原理测温仪表分

①膨胀式温度计：适用于各种介质温度的就地测量。

②压力式温度计：适用于较远距离的非腐蚀性液体或气体的温度测量。

③电阻温度计：用于测量中低温的液体、气体和蒸汽，能进行远距离传递。

④热电偶温度计：用于测量高温的液体、气体和蒸汽，能远距离传送。

⑤辐射温度计：用于测量高温火焰、钢水等场合。

2. 双金属温度计

双金属温度计采用双金属片作为感温元件进行温度测量。当温度变化时，一端固定的双金属片由于两种金属膨胀系数不同而产生弯曲，自由端的位移通过传动机构带动指针指示出相应温度。如图5-1-1所示。

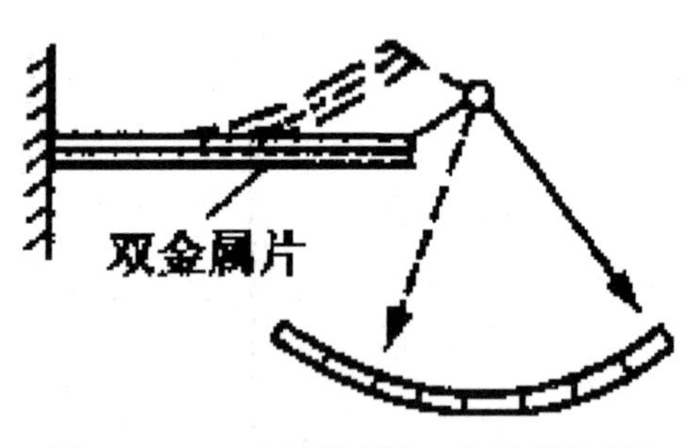

图5-1-1 双金属温度计工作原理示意图

为提高双金属温度计的灵敏度，常把双金属片做成直螺旋结构。双金属温度计具有如下特点：结构简单，刻度清晰，抗振动性能好，准确度较低。

3. 压力式温度计

压力式温度计由温包、毛细管和弹簧管构成一个封闭系统，系统内充有感温物质（氮气、水银）。测量时，温包放在被测介质中，当被测介质温度发生变化时，温包内感温物质受热而压力发生变化，温度升高，压力增加；温度降低，压力减少。压力的变化经毛细管传递到弹簧管，弹簧管一端固定，另一端（自由端）因压力变化而产生位移，通过传动机构带动指针指示出相应温度值。如图 5-1-2 所示。

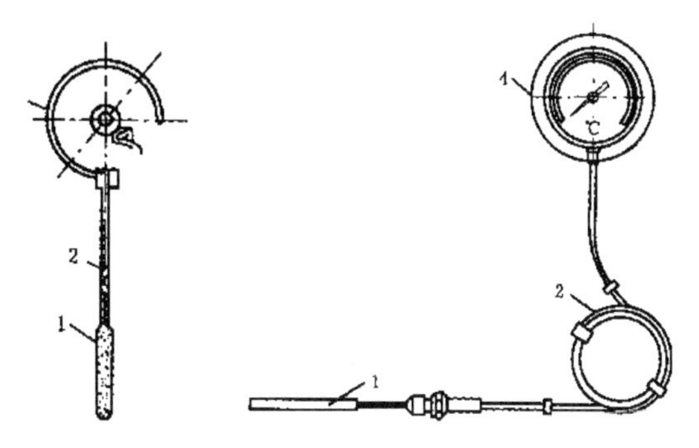

图 5-1-2 压力式温度计结构原理示意图

1. 温包；2. 毛细管；3. 弹簧管；4. 表头

压力式温度计具有如下特点：

（1）毛细管最大长度可达 60m，所以该温度计既可就地测量，又可在 60m 之内的地方测量。

（2）刻度清晰，价格便宜。

（3）因示值由毛细管传递，滞后时间长。另外，毛细管机械强度较低，易损坏。

（4）易加工成各种温度开关（或称温度控制器）。

4. 热电偶

热电偶是由两种不同的金属导体 A 和 B 焊接而成的闭合回路。导体 A 被称为热电极。两焊接点中，感受被测 t 的一端称为热端，而 t0 的一端称为冷端。当热电偶热端和冷端的温度不同时，回路就会产生一定大小的热电势，这种物理现象称为

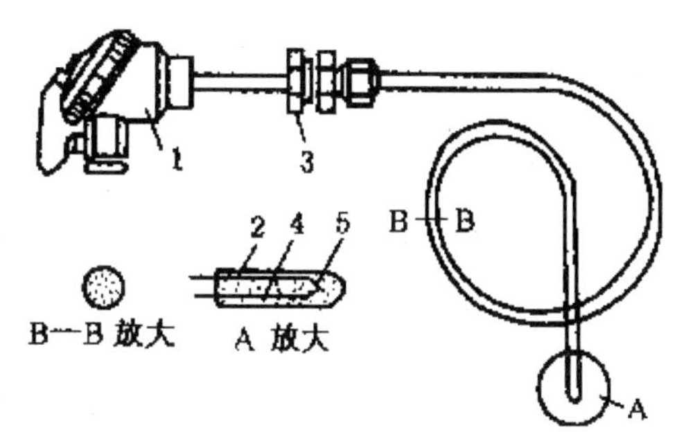

图 5-1-3 铠装热电偶的结构

1. 接线盒；2. 金属套管；3. 固定装置；4. 绝缘材料；5. 偶丝

热电效应。热电势的值与热电偶的金属材料性质和冷热端之间的温度差有关,而与热电极的长度和直径无关。热电偶正在大量地被铠装热电偶(如图 5-1-3)所替代,这是因为铠装热电偶有以下特点:

(1)测量反应速度快。

(2)可弯曲性能好,方便安装和测量。

(3)使用寿命长。

(4)抗振性能好。

5. 热电阻

热电阻的测温原理是基于金属的电阻值随温度变化而变化,再用显示仪表测量出热电阻的电阻值,从而得到与电阻值相对应的温度值。由热电阻连接导线和显示仪表所组成的测温仪表装置称为电阻温度计。如图 5-1-4 所示。近几年来,热电阻大量地被铠装热电阻所代替,因为铠装热电阻有以下优点:

(1)测量反应速度快。

(2)可弯曲,便于安装和测量。

(3)抗振性能好。

(4)使用寿命长。

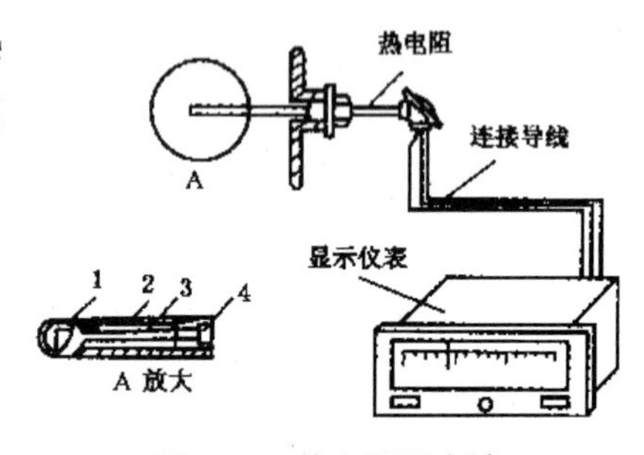

图 5-1-4 热电阻温度计

1. 保护套管; 2. 金属套管; 3. 电阻感温元件; 4. 绝缘瓷管

(三)常用压力测量仪表

1. 压力测量仪表的分类

测压仪表根据转换原理的不同可分为三类:

(1)液柱式压力计:它是根据流体力学原理,将被测压力转换成液柱高度进行测量,如“U”型管压力计。

(2)弹性压力计:它是根据弹性元件受力变形的原理,将被测压力转换成弹性元件变形的位移进行测量,如弹簧管压力表。

(3)电气式压力计:它是将被测压力转换成各种电量进行测量,如电容式 1511 压力变送器。

2. “U”型液柱压力计

常用的“U”型液柱压力计由一根“U”形玻璃管和一块带刻度尺的木板所组成。工作时玻璃管的一端接大气，另一端接被测压力源，如图5-1-5。

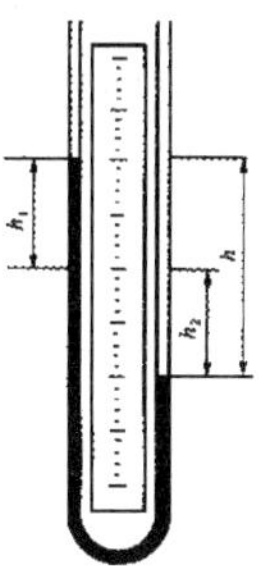

图 5-1-5　U 型液柱压力计

根据静力学原理，由“U”型管两道液柱并根据下式就可以求出被测压力 p（表压）的数值。

$$P=\rho gh$$

式中 P——表压力（单位：Pa）；

h——液柱差（单位：m）；

ρ——液体密度（单位：kg/m^3）；

g——重力加速度（$=9.8m/s^2$）。

3. 压力开关

压力开关也称压力控制器。它由弹性元件、微动开关和压力设定弹簧三个部分所组成。见图 5-1-6。

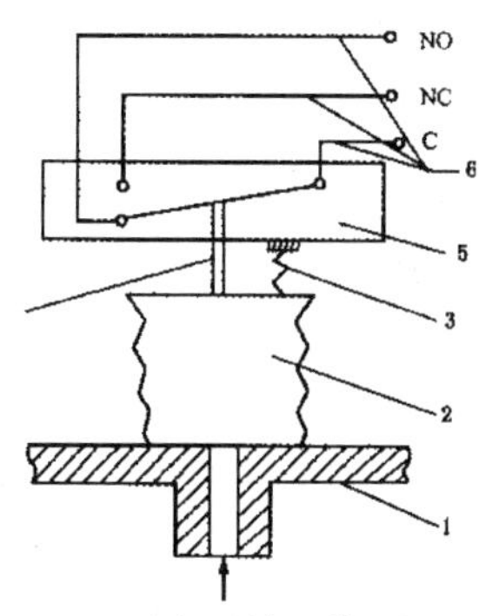

图 5-1-6　压力开关工作原理示意图

1. 压力开关接头；2. 波纹管；3. 压力设定弹簧；4. 顶针；5. 微动开关；6. 外引电线

具体工作过程是当被测压力低于由压力预定弹簧产生的压力时，波纹管不能产生向上的膨胀位移，这时微动开关的触点相通。当被测压力高于压力设定弹簧产生的压力时，被测介质通过接头进入波纹管，波纹管膨胀产生向上的位移，带动顶针使微动开关触点断开，与上触点接通。

4. 压力表

压力表的种类：弹簧压力表、电接点压力表、远传压力表、传感式压力表。

压力表是用来显示压力容器、管道系统或局部的压力的，压力表的种类很多，按其应用大致分为精密压力表、普通压力表；按其结构可分为弹簧管机械式压力表、电子传感式数字压力表。井矿盐采卤工在生产中接触的主要是普通弹簧管压力表。

弹簧管压力表是由表接头、表壳、刻度盘、扁曲弹簧管、扇形齿轮、中心轴、指针组成。普通弹簧管机械式压力表其使用技术规范主要有最大量程、精度等级、适用范围等。在压力表刻度盘下部写有 0.5、1.5、2.5 数字，这些数字就是压力表精度的等级。例如 25MPa 的压力表，精度等级为 0.5，那么它的最大误差是 25×0.5%，即 0.125MPa。

压力表的工作原理是：扁曲弹簧管固定的一端与表接头连通，另一端通过连杆扇形齿轮机构、中心轴和指针连接。由于扁曲弹簧管充压后，单位面积受力相等，而离心的受力面大于向心的受力面，因为受力面积的差，造成两个面上的作用力不相等，即离心受力面大于向心受力面上的力，使扁曲弹簧管向直线方向伸动(压力越大，伸动越大)，从而拉动连杆，带动扇形齿轮机构、中心轴和指针转动，在表盘刻度上显出压力值。

压力表的合理选用是正确使用压力表和延长其使用寿命的基础。压力表实际工作压力限制在压力表最大量程的 1/3~2/3，是因为扁曲弹簧管对应的角度是 270°，正常工作的压力可使扁曲弹簧旋转 5°~7°，此时压力表的指针恰好在最大量程的 1/3~2/3 之间，所测量的压力准确。

旋转超过这个角度，指针就超过了这个范围，则为超压工作，读数就有较大误差。要求实际工作中所测压力要在压力表最大量程的1/3~2/3之间，这是压力表的特性所要求的。如果压力表转一圈则扁形齿轮也失去了作用，必须重新校对。

压力表的安装是准确显示系统压力的关键：

（1）装表时一定要先装压力表接头，接头的粗螺纹（公制扣）一头与闸门连接，细螺纹（英制扣）的一头与压力表连接，不可直接把表装在闸门上。压力表装表接头的原因，一是压力表的螺纹和闸门的螺纹不一致，一个是公制扣，一个是英制扣；二是压力表的螺纹多是软质金属（铜），上卸的次数多就容易损坏。装表接头以后保护了螺纹，又延长了压力表的使用寿命。

（2）压力表经校对后，在往井站携带的途中严禁大力震动或撞击。

（3）装表时一定要用密封生料胶带或麻丝密封。

（四）常用流量测量仪表

1. 流量检测仪表的分类

按作用原理分，常用的流量仪表有：

（1）面积式流量计：适用于空气、氮气、水和与水相似的其他安全流体的小流量测量，如玻璃转子流量计。

（2）差压式流量计：适用于非强腐蚀的单流体流量测量，允许有一定压力损失，如节流装置流量计。

（3）流速式流量计：主要用于水的计量，如旋翼式水表；测量饱和蒸汽的质量、流量，如分流旋翼式蒸汽流量计。

（4）容积式流量计：适用于高粘度介质流量的测量，如齿轮、腰轮流量计。

2. 转子流量计

转子流量计是以压降不变，利用节流面积的变化来反映流量大小，从而实现流量的测量。转子流量计由两部分组成，一个是由下往上逐渐扩大的锥形管，另一个是在锥形管内可以自由运动的转子。工作时被测流体由锥形管下部进入，沿着锥形管向上运动，流过转子与锥形管方向的环隙，再从锥形管上部流出。当流体流过锥形管时，位于锥形管中的转子受到一个向上的冲力，使转子浮起。根据流体流量的大小，转子将沿着它的刻度尺由零点到满度点之间自由运动。

当转子稳定时，若忽略作用在转子上的摩擦阻力和动压力，有如下平衡关系：

$$p1-p2=AV(\rho 1-\rho)g$$

式中 p1-p2——转子前后压差（单位：Pa）

A——转子最大截面积（单位：m^2）

V——转子体积（单位：m^3）

ρ1——转子密度（单位：kg/m^3）

ρ——流体密度（单位：kg/m^3）

g——重力加速度（单位：m/s^2）

因为 V（ρ1-ρ）必定为恒定常数，因此流转子流量计的前后压差始终恒定。又因为在转子流量计进行流量测量时，通过锥形管被测介质流量 Q 与压差 p1-p2 和锥形管流通截面积 S 存在下列关系：

$$Q=aS\sqrt{2g(P_1-P_2)}/(\rho g)$$

式中 a——流量系数。

通过公式可以看出，流体流量的变化只与流通截面积 S 有关。

3. 电磁流量计

在炼油、化工生产中，有些液体介质是具有导电性的，因而可以应用电磁感应的方法去测量流量。电磁流量计的特点是能够测量酸、碱、盐溶液以及含有固体颗粒（例如泥浆）或纤维液体的流量。电磁流量计通常由传感器、转换器和显示仪组成。

电磁流量变送器由传感器和转换器两部分组成。被测流体的流量经传感器变换成感应电势，然后再由转换器将感应电势转换成统一的直流标准信号作为输出，以便进行指示、记录或与计算机配套使用。电磁流量计的准确度等级为 1~2.5 级。

（1）测量原理和变送器的结构

由电磁感应定律可以知道，导体在磁场中运动而切割磁力线时，在导体中便会有感应电势产生，这就是发电机原理。同理，如图 5-1-7 所示，导电的流体介质在磁场中作垂直方向流动而切割磁力线时，也会在两电极上产生感应电势，感应电势的方向可以由右手定则判断，并存在如下关系

$$E_x = BDV \times 10^{-8}$$

公式中 Ex——感应电势（单位：V）；

B——磁感应强度（10—4T）；

D——管道直径，即导体垂直切割磁力线的长度（单位：cm）

V——垂直于磁力线方向的液体速度（单位：cm/s）。

体积流量 q_v（cm^3/s）与流速 u 的关系为

$$q_v = \frac{1}{4}\pi D^2 u$$

将上式代入$E_x = BDV \times 10^{-8}$，便得

$$E_x = 4 \times 10^{-8}\frac{B}{\pi D}q_v = Kq_v$$

式中，$4 \times 10^{-8}\frac{B}{\pi D}$ 称为仪表常数，在管道直径 D 已确定并维持感应强度 B 不变时，K 就是一个常数。这时感应电势则与体积流量具有线性关系。因此，在管道两侧各插入一根电极，便可以引出感应电势，由仪表指出流量的大小。电磁流量计变送器结构如图 5-1-7 所示。为了避免磁力线被测量导管的管壁短路，并使测量导管在较强的交变磁场中尽可能地低涡流损耗，测量导管由非导磁的高阻材料制成，一般为不锈钢、玻璃钢或某些具有高电阻率的铝合金。用不锈钢等导电材料做导管时，在测量导管内壁与电极之间必须有绝缘衬里，以防止感应电势

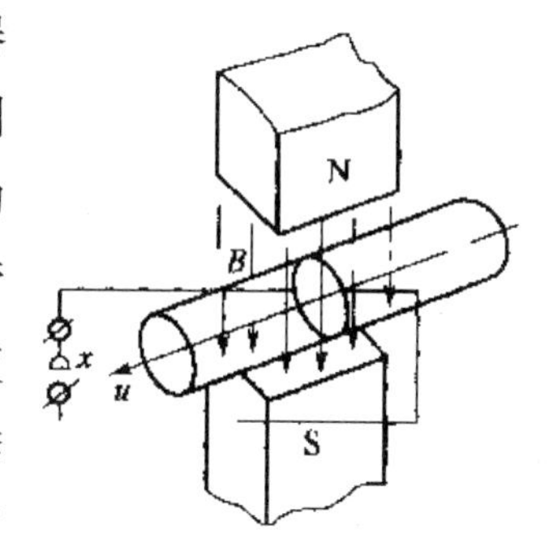

图 5-1-7　电磁流量计原理

被短路。为了防止导管被腐蚀并使内壁光滑,常常在整个测量导管内壁涂上绝缘衬里,衬里材料视工作温度不同而不同,一般常用搪瓷或专门的橡胶、环氧树脂等材料。

电极(如图 5-1-8)一般由非导磁的不锈钢材料制成。而用于测量腐蚀性流体时,电极材料多甩铂铱合金、耐酸钨合金或镍基合金等。要求电极与内衬齐平,以便流体通过时不受阻碍。电极安装的位置宜在管道水平方向,以防止沉淀物堆积在电极上而影响测量准确度。

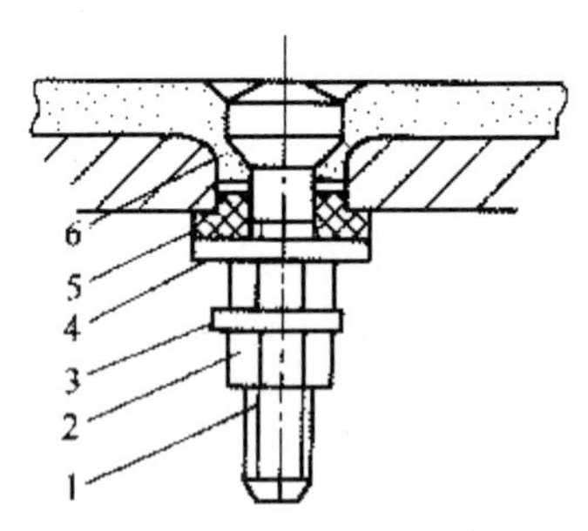

图 5-1-8 电极的结构

1. 电极;2. 螺母;3. 导电片;4. 垫圈;5. 绝缘套;6. 衬里

电磁流量计变送器的结构因导管的口径不同而有所不同,图 5-1-9(a)为大口径的形式,图 5-1-9(b)为小口径的形式。大口径的是将励磁线圈扎成卷并弯成马鞍形,夹持在测量导管上下两边,在导管和线圈外边再放一个磁轭,以便得到较大的磁通量和在测量导管中形成均匀磁场。

(2)电磁流量计的特点和注意事项

①电磁流量计的特点。电磁流量计有许多优点,介绍如下。

a. 测量导管内无可动部件或凸出于管道内的部件,因而压力损失很小,并可测量含有颗粒、悬浮物等流体的流量,例如纸浆、矿浆和煤粉浆的流量。这是电磁流量计的突出特点。由于电磁流量计的衬里和电极是防腐的,可以用来测量腐蚀性介质的流量。

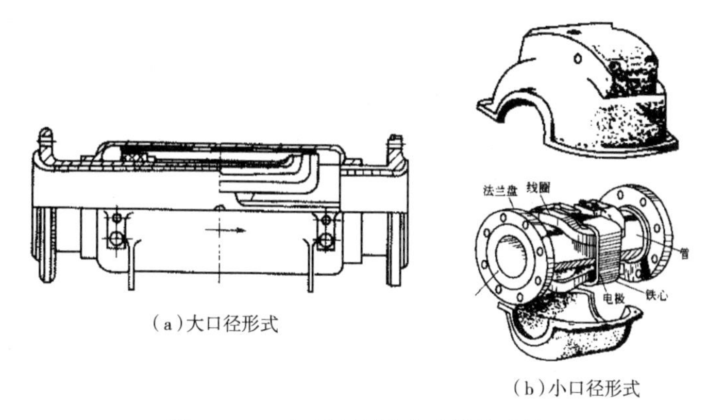

（a）大口径形式

（b）小口径形式

图 5-1-9　电磁流量计变送器的结构

b. 电磁流量计输出电流与流量间具有线性关系，并且不受液体物理性质（温度、压力、黏度）的影响。特别是不受黏度的影响，这是一般流量计所达不到的。

c. 电磁流量计的测量范围很宽，对于同一台电磁流量计，可达 1∶100。它的口径可以从直径 1mm 做到 2m 以上。

d. 电磁流量计反应迅速，可以测量脉动流量。

但是电磁流量计也有局限性和不足之处，主要如下。

a. 工作温度和工作压力。电磁流量计的最高工作温度，取决于管道及衬里的材料发生膨胀、形变和质变的温度，因具体仪表而有所不同，一般低于 120°。最高工作压力取决于管道强度、电极部分的密封情况，以及法兰的规格，一般不超过 4MPa。由于管壁太厚会增加涡流损失，一般测量导管做得较薄。

b. 被测流体导电率。电磁流量计不能测量气体、蒸汽和石油制品等非导电流体的流量。对于导电介质，从理论上讲，凡是相对于磁场流动时，都会产生感应电势。实际上，电极间内阻的增加，要受到传输线的分布电容、放大器输入阻抗以及测量准确度的限制。

c. 流速和流速分布。电磁流量计也是速度式仪表，感应电势与平均流速成比例。而这个平均流速是以各点流速对称于管道中心的条件下求出的。因此流体在管道中流动时，截面上各点流速分布情况对仪表示值有很大的影响。对一般工业上常用的圆形管道点电极的变送器来说，如果破坏了流速相对于导管中心轴线的对称分布，电磁流量计就不能正常工作。因此在电磁流量计的前后，必须有足够的直管段长度，以消除各种局部阻力黜流速分布对称性的影响。

流速的下限一般为 50cm/s。由于存在零点漂移，在流速为零时，并不一定没有输出电流，因此在低流速工作时应注意检查仪表的零点。由于电磁流量的总增益是有一定限度的，因而为了得到一定的输出信号，流速下限是有一定限度的。

②使用电磁流量计应注意的问题

a. 变送器的安装位置，要选择在任何时候测量导管内都能充满液体，以防止由于测量管内没有液体而指针不在零点所引起的错觉。最好是垂直安装，减少由于液体流过在电极出现气泡造成的误差。

b. 电磁流量计的信号比较微弱，在满量程时只有 2.5~8mV，流量很小时，输出仅有几微伏，外界略有干扰就能影响测量的准确度。因此，变送器的外壳、屏蔽线、测量导管以及变送器两端的管道都要接地。并且要求单独设置接地点，绝对不要连接在电机、电器等公共地线或上下水道上。转换器已通过电缆线接地，且勿再行接地，以免因地电位的不同而引入干扰。

c. 变送器的安装地点要远离一切磁源（例如大功率电机、变压器等），不能有振动。

d. 变送器和二次仪表必须使用电源中的同一相线，否则由于检测信号和反馈信号相位差 120°进而使仪表不能正常工作。

运行经验说明，即使变送器接地良好，当变送器附近的电力设备有较强的漏地电流，或安装变送器的管道上存在较大的杂散电流，或进行电焊，都将引起干扰电势的增加，进而影响仪表正常运行。

此外，如果变送器使用日久而在导管内壁沉积垢层时，也会影响测量准确度。尤其是垢层电阻过小将导致电极短路，表现为流量信号愈来愈小，甚至骤然下降。测量线路中电极短路，除上述导管内壁附着垢层造成以外，还可能是导管内绝缘衬里被破坏，或是由于变送器长期在酸、碱、盐雾较浓的场所工作，使用一段时期后，信号插座被腐蚀，绝缘被破坏而造成的。所以，在使用中必须注意维护。

4. 超声波流量计

利用超声波测量流速和流量已有很长的历史，在工业、医疗、河流和海洋观测等测量中有广泛的应用。这里主要介绍工业生产中的超声波流量计。超声波流量计的特点是可以把探头安装在管道外边，做到无接触测量，在测量流量过程中不妨碍管道内的流体流动状态，并可以测量高黏度的液体、非导电介质以及气体的流量。

利用超声波测量流量的原理有多种，这里着重点介绍多普勒方法。

根据声学的多普勒效应，见多普勒流量测量示意图（图 5–1–10），当声源和观察者之间有相对运动时，观察者所感受到的声频率将不同于声源所发出的频率，这个因相对运动而产生的频率变化与两者的相对速度成正比。此频率变化称为多普勒频率，而多普勒频率与流速 u 成正比关系。

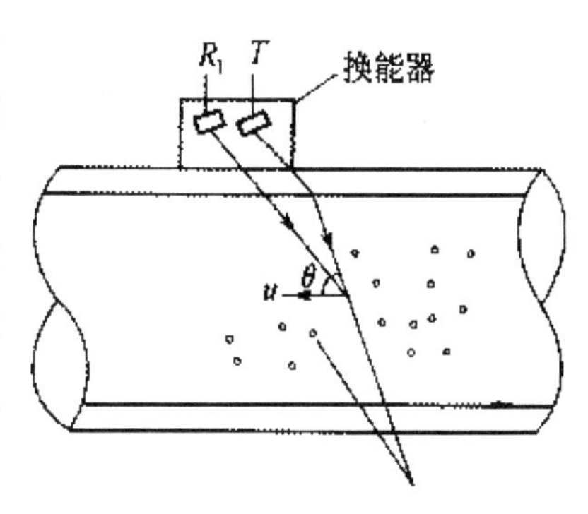

图 5–1–10　多普勒流量测量示意图

5. 水表

水表是井矿盐采卤中为记录工艺参数使用极为普遍的计量工具。水表的用途是记录流经管道或设备的水的总量。

（1）水表的种类

①叶轮式水表：外形如图 5–1–11 所示。叶轮式水表内装有与水流方向相垂直的旋转轴，轴上装有叶片，其叶片呈水平状。在水流通过时，冲动叶片使转轴旋转，其转数通过齿轮传动机构显示在水表的计量盘上。

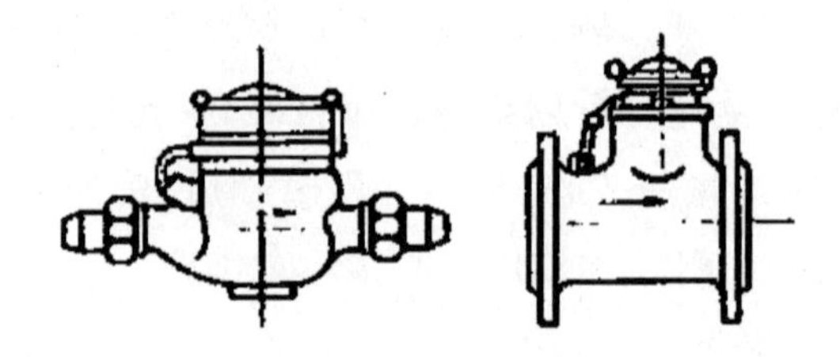

图 5-1-11　水表外形

叶轮式水表又可分为干式和湿式两种。干式水表的传动机构和表盘与水隔开,构造较为复杂,主要有表壳、表盘、传动机构、叶轮、转轴、记数部分等。湿式水表的传动机构和表盘直接浸在水中,表盘上的厚玻璃要承受水压,水表结构简单。

叶轮式水表常用于测量小流量的管道。一般情况下,公称通径小于或等于50mm时,应先用叶轮式水表。规格有DN15–200等多种型号,测定流量范围为1.5~100m^3/h。

②螺翼式水表:螺翼式水表的翼轮转轴与水流方向平行,叶片呈螺旋状,适用于管径较大的地方,测量最大流量范围为100~2800m^3/h,大口径螺翼式水表规格有DN80–400多种型号。

(2)水表的工作原理

叶轮式和螺翼式水表都是根据管径一定时,流速与流量成正比,并利用水流带动水表叶轮的转动来指示流经管道截面的水的总量。

(五)液位测量仪表

1.玻璃管液位计

如图5-1-12所示,玻璃管液位计的上端通过阀门与被测容器中的气体相连接,下端经阀与被测容器的液体相连接。按照连通器液柱静平衡原理,只要被测容器内和玻璃管内液体的温度相同,两边的液柱高度必然相等。据此可以在玻璃管旁边的标尺上读出液位的高度。

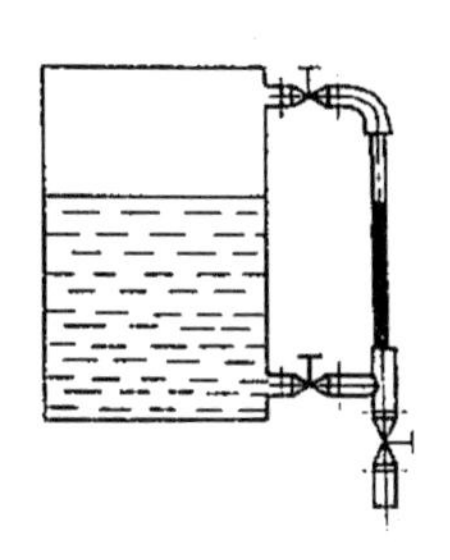

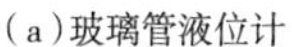

(a)玻璃管液位计

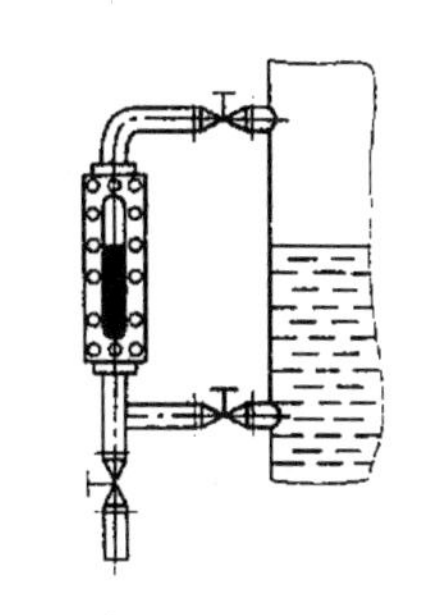

(b)玻璃板液位计

图 5-1-12　玻璃液位计示意图

若两介质温度不同,可按下式修正:

$$H = \frac{\rho_0}{\rho} h$$

式中 H——容器内液位高度;

h——液位计读数;

ρ_0——液位计中介质在 t0 时的密度;

ρ ——容器中介质在温度 t 时的密度。

使用玻璃管液位计应注意以下几点:

(1)为防止玻璃管意外被打碎,液位计必须有防护罩。

(2)定期清洗玻璃管,使液位显示清晰。

(3)应根据被测介质的压力和温度,合理选用液位计,不得超压使用玻璃管液位计。

2. 机械式就地指示浮子液位计

浮子液位计的原理如图 5-1-13。浮子用钢丝绳连接并悬挂至滑轮上,钢丝绳的另一端挂有平衡锤,使浮子所受的重力和浮力之差与平衡锤的拉力相平衡,保持浮子可以随时地停留在任一液面上,这样浮子跟随液面变化而变化。这

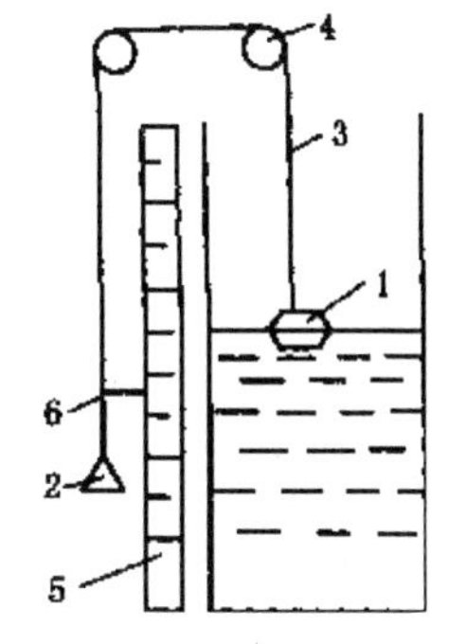

图 5-1-13　机械式就地指示浮子液位计

1. 浮子;2. 平衡锤;3. 钢丝绳;
4. 滑轮;5. 标尺;6. 指针

种结构液位计的指针位多与被测液位变化相同，从而达到检测目的。

3.UTZ–01 型浮子式液位计

如图 5–1–14 所示，当被测液位未变化时，浮子本身重量、弹簧的弹性力与浮子所受浮力三者比较使杠杆平衡，差动变压器的铁芯刚好处于线圈中间位置，输出电压△ U=0，即没有输出，可逆电动机静止。图中开关 K 处于 a 位置时为测量，处于 b 位置时指示回零。

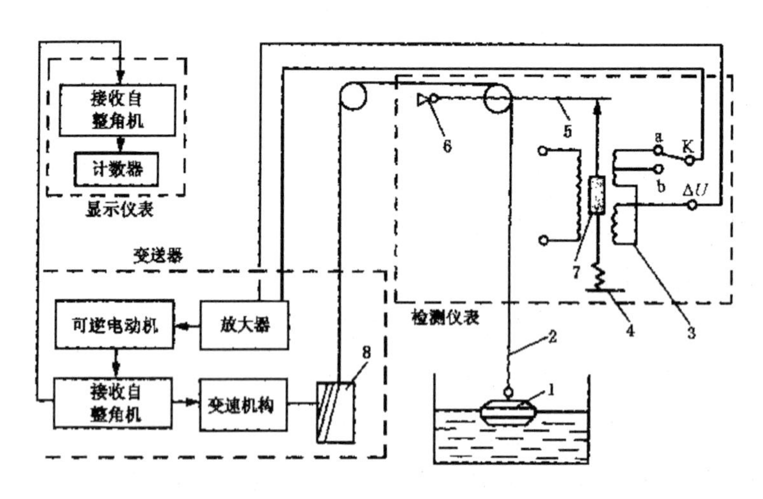

图 5–1–14 UTZ–01 型浮子式液位计工作原理图

1. 浮子；2. 钢丝绳；3. 差动变压器；4. 弹簧；5. 比较杠杆；6. 支撑；7. 变压器铁芯；8. 鼓轮

当液位上升时，浮子所受浮力增大，浮子对杠杆的拉力减小，杠杆就发生逆时针转动，使铁芯偏离线圈的中间位置。差动变压器便输出电压信号，经晶体管放大器放大后，驱动可逆电动机转动。通过变速机构，一方面使卷线鼓轮转动，浮子向上提起，因此浮子所受浮力减小，杠杆顺时针转动，铁芯逐渐回到差动变压器线圈中间位置，直到差动变压器输出电压△ U=0 为止，整个系统又重新达到平衡，实现了浮子对液面的自动跟踪。另一方面，变速机构带动自整角机转动，自整角机则将液位信号转换成电信号送至显示仪表，显示仪表内的自整角机转动，从动的计数器转动显示出液位值。

（六）波美计

卤水浓度的高低是衡量卤水质量最重要的指标。卤水浓度的检测是以波美比重计测量卤水中的含盐度(即固溶物的含量),从对应的卤水浓度换算表中计算出卤水的含盐量。采卤工现场检测卤水浓度最常用的仪器是波美计。

1. 波美度(°Bé)

波美度是表示溶液浓度的一种方法。把波美比重计浸入所测溶液中,得到的度数叫波美度。波美度以法国化学家波美(Antoine Baume)命名。

2. 波美比重计

波美比重计有两种:一种叫重表,用于测量比水重的液体;另一种叫轻表,用于测量比水轻的液体。当测得波美度后,从相应的对照表中可以方便地查出溶液的质量百分比浓度。例如,在15℃测得卤水的波美度是23.8°Bé,查表可知卤水的含盐量为297.50g/L。

3. 波美计

波美计是以颗粒铅装在密闭的透明玻璃容器中,并按相应的测定范围在玻璃容器上标明波美度。如图5-1-15所示为常用的波美比重计。在岩盐卤水的测量中,使用的波美计有0~5°Bé,5~10°Bé,10~15°Bé,15~20°Bé,20~25°Bé五种规格。

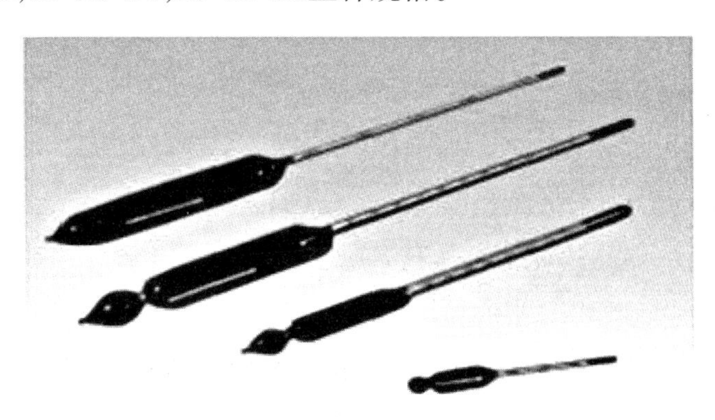

图5-1-15　波美计

二、常用仪器、仪表的安装与使用

(一)安装压力表的操作步骤

1. 安装前的检查工作

(1)检查校对型号、规格等级是否满足生产工艺、设备要求。

(2)检查出厂合格证书、铅封是否完好。

(3)检查指针是否归零,接头螺纹有无损坏。

(4)检查压力表进气孔有无堵塞。

(5)用手轻敲压力表看是否有轻敲位移。

(6)检查压力表盘前后固定螺钉是否松动。

(7)检查压力表是否在检定期内使用。

(8)检查压力表是否清洁,盘面刻度清晰,易读数值。

2. 安装压力表

(1)关闭压力表的截断阀门,把变头逆时针方向缠上密封带后安在截断阀门上。

(2)将准备好的压力表逆时针方向缠上密封带,用 17mm 固定扳手把压力表上好。

(3)上压力表时要缓慢,不要用力过大,以防止螺纹脱扣。

(4)安好后检查压力表是否垂直,盘面与管线是否在同一平面上。

(5)缓慢打开压力表截断阀门,检查接头密封是否渗漏。

(6)检查压力表指示值是否在规定范围内。

3. 拆卸压力表

(1)关闭压力表的截断阀门。

(2)用活动扳手固定压力表接头,用 17mm 固定扳手按顺时针方向卸压力表。

(3)若压力表指示不归零,表示表内有余压,要边卸压力表边用手轻轻活动压力表泄压,直到压力归零为止。

(4)清除压力表接头螺纹内的脏物。

(5)把卸下的压力表按要求统一存放。

（二）使用温度计的操作步骤

1. 使用前的检查工作

（1）检查温度计温包是否有破损。

（2）检查温度计毛细管标尺的刻度是否清晰。

（3）检查毛细管液体中是否有气泡断空的地方。

（4）在室温下同标准温度计进行对比，误差不准超过 ±0.5℃。

（5）检查温度计孔是否有杂物堵塞，温度计应插入 2/3。

（6）检查温度计插孔中是否装有变压器油。

2. 使用操作

（1）根据现场介质的工作温度选择合理量程的温度计。

（2）把检查好的温度计在恒温状态下拿到工作现场。

（3）把温度计沿着插孔的坡度方向轻轻放入插孔，温包浸入液体中。

（4）温度计插入被测介质时，要稳定一段时间方可读数。

（5）在读数时不可抽出温度计读取，以免造成误差。

（6）在检定中读数时，水银温度计应读凸面最高点温度，酒精温度计应读凹面最低点温度。

（7）要按时定期检查温度计，确保温度计的准确性和可靠性。

（三）使用流量计的操作步骤（电磁流量计）

1. 使用前的检查工作

（1）检查仪表铅封是否完好，仪表在检定期内工作。

（2）检查仪表玻璃是否密封完好不透气。

（3）检查流量计上标志的流量范围、工作压力是否与泵的流量、扬程相符，流向标记是否与管线液体流向一致。

（4）检查各密封点应确保不渗不漏。

2. 使用操作步骤

（1）检查流量计各接地线是否紧固连接。

（2）缓慢打开出入口阀门，检查仪表是否有显示流量。

（3）检查流量计前后压力表指示是否超差。

（4）检查流量计运行是否平稳、不振动。

（5）检查流量电子读数是否准确，瞬时流量与累计流量是否计量准确。

（四）技术要求

1. 压力表

（1）使用前要按要求全面检查规格、等级、合格证、铅封、指针归零情况、接头螺纹完好情况、进气孔堵塞情况。

（2）为方便观看压力指示，工艺管线和机泵安装压力表外径一般以100mm为宜。各种受压容器（加热炉、锅炉、缓冲罐、脱水器）安装压力表外壳直径一般选用100~150mm为宜。

（3）为了保证压力表准确可靠，延长使用寿命，使用范围不得超过满刻度的3/4。按负荷状态的通用性来说，应选用标尺量程的1/3~2/3之间。

（4）压力表在使用和更换时，要正确操作，严禁憋压。

（5）根据工艺要求，按被测压力最小值所要求的相对允许基本误差选择精度等级，见表5–1–1。

表5–1–1　压力表允许误差

精度等级	允许基本误差（为测量上线）	精度等级	允许基本误差（为测量上线）
1	±1%	2.5	±2.5%
1.5	±1.5%	4	±4%

（6）压力表应每半年校验一次。

（7）压力表可在使用中使用泄压归零法和互换法，用以现场检定压力表是否有误差。

2. 温度计

（1）玻璃温度计的测量上限受玻璃的机械温度、软化变形及工作液体沸点的限制，所以在使用时被测温度不许超过温度的测量上限值。

（2）玻璃温度计容易断裂，应注意最好用金属作外罩，在测量低温时一定要预热，以防止破裂。

（3）在测温时，测温一定要插到足够深度。温度计插孔有保持恒温液体时，必须保持够用。

（4）发现液柱断裂时，温度计便不能再使用。

（5）当工作液紧贴在管壁上发生挂壁现象时，温度计不能使用。

（6）温度计插入被测介质时要稳定一段时间方可读数。在读数时不可抽出读数，以免造成误差。

（7）读数时，为了消除视觉误差，眼睛一定要垂直注视液面。

（8）对于玻璃水银温度计，要读凸面最高值点温度。对于玻璃机械体温度计，要读凹面最低点的温度。

（9）要按时进行周期检定温度计，发现有问题应及时更换，确保温度计的准确性和可靠性。

3. 流量计

（1）选择流量计时，其工作范围一般应控制在允许量程的 1/3~2/3 范围内。超出这个范围，漏失量增大，易造成仪表振动，噪声增大。

（2）使用电磁流量计时，变送器的外壳、屏蔽线、测量导管以及变送器两端的管道都要接地，并且要求单独设置接地点，绝对不要连接在电机、电器等公用地线或上下水道上。转换器已通过电缆线接地，且勿再行接地。

（3）变送器的安装地点要远离一切磁源，不能有振动。

（4）变送器和二次仪表必须使用电源中的同一相线。

（5）定期清理导管内壁的沉积垢层。

（6）每半年对流量计进行检定。

（五）压力表参数的录取（实例）

1. 准备工作

（1）准备正常生产井 1 口，井口压力表装置齐全，备用校检合格的 10MPa 压力表各 1 块。

（2）工具、用具：200mm 活动扳手 1 把，450mm 管钳 1 把，纸笔。

2. 操作步骤

（1）携带好工具、用具及压力表，来到井场，首先检查井口生产流程，管道阀门是否打开，压力表（如图 5-1-16 所示）是否符合规格。

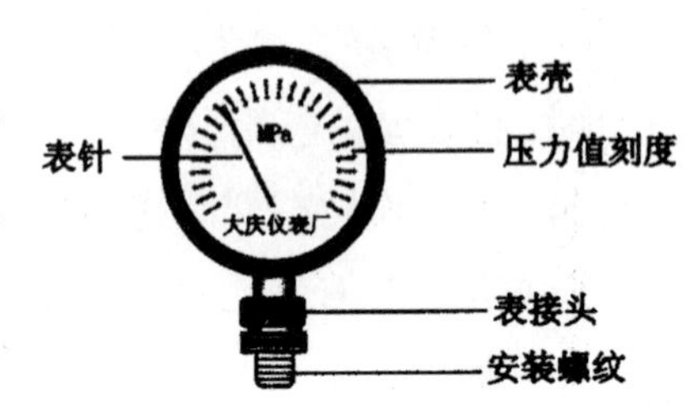

图 5-1-16 普通弹簧管压力表压力显示示意图

（2）检查在用压力表是否准确。关卤水压力表"针"型阀手轮，如果角阀可用扳手卸松放空顶丝（螺栓）放压，压力表指针归零，说明压力表准确好用，否则就要安装带来的备用表。如不是角阀无法放空的，可用扳手卸下压力表，在逆时针卸松压力表的过程中，压力表指针一点点下降归零。如不归零就是不准，即不能再用。检查确认压力表准确后，上紧卸松（下）的压力表，打开"针"型阀，表针又升起来并应与放空前压力基本一致，就可以开始录取压力了。

（3）录取压力。录取压力（读压力）要使眼睛位于压力表盘正前方，看准压力表指针所在位置，读出压力值。如果压力随井口产量波动，取其平均值，并记录下数值。

3. 注意事项

（1）录取的压力值必须在表的量程 1/3~2/3 之间，否则要更换量程适合的压力表再录取读数。

（2）检查压力表时放空或卸表要缓慢，特别是放空时要准备放空桶，防止放空时卤水四溅。

（3）按规定穿戴好劳保用品。

第二节　采输卤常用设备的使用与维护

采输卤生产中常用设备有高压离心泵、电动柱塞泵和抽油机等。目前，井矿盐生产中使用的注水泵机组、集输泵机组多为高压离心泵机组。对于注水量较大（100m^3/h 以上）、地层压力较低（25MPa）的单井循环或对流井开采工艺的盐井注水，一般均采用高压离心泵。对于长距离管道液体输送介质，也可采用高压离心泵机组。采卤设备维修保养工作可以概括为八个字：清洁、紧固、润滑、调整。清洁，指清洁卫生；紧固，指紧固各部件间的连接螺丝；润滑，指对各加油点（部位）定期添加润滑油脂；调整，即对整机的水平、对中、平衡、控制系统等为主的调整。对常用设备进行日常维护保养是设备正常使用的重要保证。因此，怎样操作好离心泵，了解离心泵的操作使用特点，正确做好设备的日常保养工作，是采卤工必备的知识。

一、高压离心泵机组的使用与维护

（一）高压离心泵机组的使用

1. 离心泵的型号意义及表示方法

离心泵的型号一般由汉语拼音字母和数字表示，分四部分组成。

型号的第一部分为阿拉伯数字，表示泵的吸入口直径。单位是毫米（mm）或英寸（in）。例如：150D170 × 9 型泵的吸入口径为 150mm；8Sh-6 型泵的吸入口径为 8in。

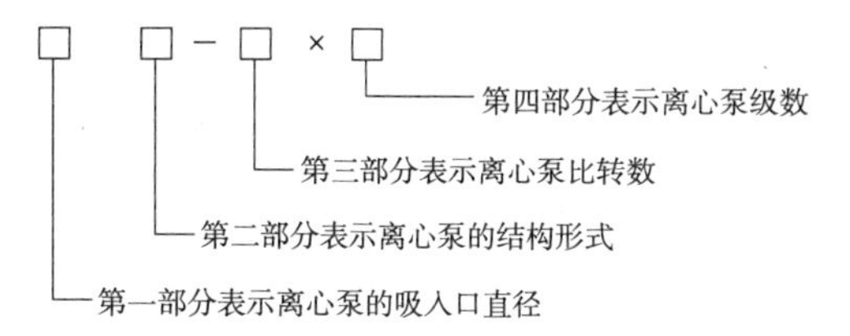

型号的第二部分为拼音字母。一定的字母就代表一种结构形式的离心泵。一般取泵名称中显示其结构特征的汉字的第一个拼音字母，容易记忆,也比较方便,现介绍如下：

IS（旧型号 BA、B）——单级单吸悬臂式离心泵；

S（旧型号 Sh）——单级双吸水平中开式离心泵；

D——多级单吸分段式离心泵；

F——悬臂式耐腐蚀离心泵；

DA——多级单吸分段式离心泵；

DS——多级双吸离心泵；

DF——耐腐蚀多级离心泵；

DK——中开式多级离心泵；

G——单级管道泵；

J——深井泵。

型号的第三部分由阿拉伯数字组成,较常见的有如下四种意义：

（1）表示泵比转数的十分之一。例如:6Sh-9 型号泵中的数字“9”，表示泵的比转数是 90。

（2）表示泵的额定流量和扬程。例如：6D100-150 型号泵中的“100-150”,分别表示泵的额定流量是 100m³/h,扬程是 150m。

（3）表示泵的额定扬程。例如：200D43×8 型号泵中的“43”,表示泵的单级扬程为 43m。

（4）有少数泵表示特殊意义。部分水源深井泵表示额定流量,例如：10J80×3 型号泵中的“80”,表示额定流量是 80m³/h。

型号的第四部分为阿拉伯数字,表示离心泵具有的叶轮级数。例如：D300-150×11 型离心泵的叶轮级数为 11 级；D155-170×9 型离心泵的叶轮级数为 9 级。

目前,有些水泵厂采用国际标准生产的水泵,其型号意义比较特殊。例如：长春第一水泵厂生产的 IS80-65-160 型单级单吸悬臂式离心泵,“IS” 表示采用国际标准的离心泵,“80” 表示吸入口直径为

80mm,“65”表示排出口的直径为65mm,“160”表示叶轮的名义直径为160mm。

2. 高压离心泵机组检查的技术要求

（1）启泵前,各种电气设备、开关、启动按钮和仪表必须达到灵活好用,且准确可靠。

（2）用兆欧表测量注水电动机绝缘阻值。6000V电动机用2500V的兆欧表测量电动机定子线圈的绝缘电阻,电阻值在电动机热态下每千伏绝缘电阻值应不小于1MΩ,一般在常温下应大于500MΩ。不同温度下,绝缘电阻值见表5-2-1。

表5-2-1　不同温度下的绝缘电阻值

定子线圈温度（℃）	10	20	30	40	50	60	70	80
电阻（MΩ）	540	280	140	70	35	17	9	6

（3）电动机运行电压最高不超过额定电压的10%,最低不低于额定电压的5%。若电压不正常,应及时与供电单位联系进行调整。

（4）电动机的实际运行电流不得超过其额定电流。

（5）泵机组轴瓦温度一般保持在45℃,不得超过70℃,轴瓦油温不得超过65℃,风冷电动机进口风温不高于40℃,水冷电动机进口水温不高于33℃,出口水温不高于63℃。调整控制好冷却水量。

（6）电动机定子、转子温升应符合以下规定:

① A级绝缘不超过60℃。

② E级绝缘不超过65℃。

③ B级绝缘不超过75℃。

⑤ F级绝缘不超过85℃。

⑥ H级绝缘不超过95℃。

（7）机泵轴瓦振幅不大于表5-2-2的规定,泵内应无金属摩擦声、水击声等其他异响。

（8）泵前后密封圈漏失量一般在30~50滴/min为宜，密封圈松紧适宜，不过热、不冒烟、不甩水。

表5-2-2　不同转速下的机泵振动最大值

额定转速（r/min）	3000	1500	1000	750以下
振幅值（双振幅）（mm）	0.06	0.10	0.13	0.16

（9）润滑油应无变色、无变质，油环带油正常，润滑油路应畅通无阻，阀门及连接处不渗不漏。润滑油总油压应控制在0.15~0.20MPa，分油压应控制在0.05MPa~0.10MPa，看窗油位应在1/3~1/2。

（10）大罐应保持一定的水位，一般不得低于2.5m，保证泵进口的吸入压力。

（11）及时进行调整控制泵压、排量、平衡管压、冷却水压力等生产参数，使之达到工艺规定的要求。

（12）确保机泵各部分紧固螺栓无松动、缺损和滑扣现象。

（13）冷却水循环系统畅通，不渗不漏。冷却水压力必须达到规定要求，防止压力过高，导致润滑油冷油器、电动机冷气器等处穿孔以致冷却水外泄，造成机泵运行时烧毁。

（14）低油压、低水压保护装置及润滑油泵自动切换装置必须达到灵活好用。

（15）盘泵时必须按机泵旋转正方向进行，且机泵转动应灵活自如，无卡阻、无异响。机泵联轴器连接螺栓应牢固可靠，减震胶圈应完好无损。

（16）测量转子反向串量应为3mm ± 1mm，总串量应为6mm ± 1mm。

（17）各种指示仪表应灵敏可靠，指示准确。

（18）启泵前必须排净泵内气体。

（19）各种阀门应灵活好用。

3. 高压离心泵机组运行检查内容

（1）运行泵机组的电流、电压变化情况。

（2）泵机组轴瓦温度、润滑油温度、电动机定子温度、冷却水温度情况。

（3）泵机组声音及振动情况。

（4）泵前后密封圈漏失及密封盒下水畅通情况。

（5）泵压、平衡管压、冷却水压力等变化情况。

（6）润滑油路及油盒看窗油位、油色、油质、油环带油等变化情况。

（7）大罐水位的变化情况。

（二）离心泵的检查使用

1. 离心泵启泵检查与操作

（1）配合电工按规程用兆欧表测量电动机绝缘阻值，检查电动机是否完好，接地是否良好。同时，检查电气设备、开关、启动按钮和仪表是否灵活好用、准确可靠。

（2）检查机泵各部分紧固螺丝有无松动、缺损。

（3）倒通冷却水循环系统流程，启动冷却水泵，检查冷却水循环系统是否畅通，有无渗漏；控制好润滑油冷油器、电动机冷气器、机泵轴瓦和注水泵盘根的冷却水量及压力。

（4）倒通润滑油循环系统流程，启动润滑油泵，检查润滑油系统是否畅通，有无渗漏，分油压是否在规定范围内。检查机泵轴瓦油盒油质是否合格，油位是否达到规定高度，油环位置是否正确。

（5）从油箱底部放水阀进行取样化验，检查油箱是否进水。

（6）进行空载试验，检查低油压、低水压保护装置及润滑油泵自动切换装置是否灵活好用。

（7）按机泵旋转方向盘泵 3~5 圈，检查机泵转动是否灵活自如，有无卡阻现象；检查机泵联轴器连接螺栓是否松动，减震胶圈有无损坏。

（8）用撬杠轻轻撬动联轴器，检查机泵轴串量是否符合技术要求。

（9）检查大罐水位高度是否在规定范围内。

（10）关闭泵前过滤器排污阀，打开泵进口阀，打开泵出口放空阀，待排净泵内气体后立即关闭。

（11）打开泵进口压力表取压阀、平衡管阀、平衡管压力表取压阀及泵压表取压阀，检查各种压力表是否准确好用。

（12）检查泵出口阀开关是否灵活好用。

（13）检查机泵周围有无妨碍启泵操作的物品。

（14）检查泵进口计量水表及电动机电度表是否完好，并记录下相应的底数。

（15）待上述工作检查无误后，方可与上级有关部门及变电所取得联系，准备启泵。

2. 离心泵倒泵检查与操作

（1）配合电工按规程用兆欧表测量欲启机组电动机绝缘阻值，检查电动机是否完好，接地是否良好。同时，检查欲启机泵的电气设备、开关、启动按钮和仪表是否灵活好用、准确可靠。

（2）检查欲启机泵各部分紧固螺栓有无松动、缺损。

（3）缓慢倒通欲启机泵的冷却水循环系统流程，检查冷却水循环系统是否畅通，有无渗漏；控制好润滑油冷油器、电动机冷气器、机泵轴瓦和注水泵密封圈的冷却水量及压力。同时，调整好运行泵的冷却水压力。

（4）缓慢倒通欲启机泵的润滑油循环系统流程，检查润滑油系统是否畅通，有无渗漏，分油压是否在规定范围内。检查机泵轴瓦油盒油质是否合格，油位是否达到规定高度，油环位置是否正确。同时，调整好运行泵的润滑油压力。

（5）进行空载试验，检查保护装置是否灵活好用。

（6）按机泵旋转方向盘泵 3~5 圈，检查欲启机泵转动是否灵活自如，有无卡阻现象；检查欲启机泵联轴器连接螺栓是否松动，减震胶圈有无损坏。

（7）用撬杠轻轻撬动欲启机泵联轴器，检查欲启机泵轴串量是否符合技术要求。

（8）关闭欲启泵前过滤器排污阀，打开欲启泵进口阀、泵进口压力表取压阀、平衡管阀、平衡管压力表取压阀及泵压表取压阀，检查各种压力表是否准确好用。

（9）打开欲启泵出口放空阀，待排净泵内气体后立即关闭。

（10）检查欲启泵出口阀开关是否灵活好用，关死后再倒回半扣至一扣。

（11）检查欲启机泵周围有无妨碍启泵操作的物品。

（12）检查欲启泵进口计量水表及电动机电度表是否完好，并记录下相应的底数。

（13）待上述工作检查无误后，方可与上级有关部门及变电所取得联系，准备进行倒泵。

（14）倒完泵后，要及时调整润滑油和冷却水压，并按运行泵和停泵检查项目对机泵进行检查，发现问题及时汇报处理。

3. 离心泵停泵检查与操作

（1）停掉泵机组，通知变电所断开停运泵电动机的隔离开关，及时准确的记录停泵时间及原因。

（2）待机泵停止转动后，盘泵 2/3~1 圈，检查有无异常现象。检查机泵联轴器连接螺栓是否松动，减震胶圈有无损坏。

（3）由电工配合用兆欧表测量停运机组电动机绝缘阻值，检查电动机是否完好，接地是否良好。

（4）检查停运机泵各部分紧固螺栓有无松动、缺损。

（5）检查停运机泵的冷却水循环系统阀门是否关严。

（6）检查停运机泵的润滑油循环系统阀门是否关严，轴瓦油环位置是否正确。

（7）检查保护是否拆除。

（8）用撬杠轻轻撬动停运机泵联轴器，检查机泵轴串量是否符合技术要求。

（9）检查停运泵进出口阀、泵进口压力表取压阀、平衡管阀、平衡管压力表取压阀及泵压表取压阀是否关闭，泵前过滤器排污阀是否打开。

（10）打开停运泵出口放空阀，排净泵内液体。

（11）记录下停运泵进口计量水表及电动机电度表的底数。

（12）整改设备存在问题，搞好设备维修保养和设备卫生，达到备用状态。

（13）向上级有关部门汇报，做好再次启泵的准备。

（三）高压离心泵机组的保养与维护

1. 离心泵例行维护保养操作

（1）经常擦洗泵机组，搞好设备外部清洁卫生。

（2）检查和紧固泵机组各部位连接固定螺丝，保证连接紧固可靠，无松动、无滑扣。

（3）检查和调整泵的前后盘根松紧度，使其达到不冒烟、不发烧、不甩水，漏失量达到规定要求。

（4）检查运行泵机组的轴承温度及润滑油油质、油量，定期更换或加注润滑油、润滑脂。

（5）检查泵机组运转情况，保证泵机组运转正常平稳。

（6）检查各种压力表指示是否灵敏、准确，各连接部位要达到不脏、不松、不锈、不渗漏的要求。

2. 技术要求

（1）泵机组外表面应保持干净清洁，不脏不锈。

（2）泵机组各部位紧固螺丝应齐全完好，无松脱及滑扣。

（3）盘根松紧适宜，不冒烟、不发烧、不甩油水，漏失量 30~50 滴 / min 为宜。

（4）润滑油油位应在 1/2~2/3 之间，油质合格，油环无磨损。

（5）泵机组轴承温度和机体温度应达到规定要求。

（6）机泵在正常运行时，如有异常声音出现，应及时汇报和处理。

（7）各种压力表指示应灵敏、准确，各连接部位要达到不脏、不松、不锈、不渗漏的要求。

3. 电动机的日常运行和维护

新安装或长期停用的电动机启动前应做好如下检查：

（1）与电工配合检查电动机基础是否牢固，螺栓是否拧紧，轴承是否缺油，油是否合格，电动机接线是否符合要求，绝缘电阻是否合格等。

（2）由电工检查熔断器是否符合要求，启动装置接线是否正确，启动装置是否灵活好用，有无卡阻现象，交流接触器触点接触是否良好。

（3）配合电工检查电动机体和启动装置的外壳是否接地良好。

正常运行的电动机启动前的检查如下：

（1）配合电工检查三相电源是否有电，电压是否在要求范围内，熔断器有无损坏，安装是否可靠。

（2）联轴器连接螺栓是否紧固，机组转动是否灵活，有无卡阻、摩擦、串动和异响。

（3）电动机周围是否有妨碍运行的杂物和易燃品等。

启动电动机时应注意如下事项：

（1）启动电动机时，必须要有电工配合。分、合刀闸时，操作人员应站在一侧，防止被电弧光烧伤。

（2）几台电动机共用一台变压器时，应由大到小，一台一台依次启动。电动机在冷态下不能连续启动两次。

（3）如启动后电动机不转或转速很慢、声音不正常时，应立即停机，查找原因处理后，再行启动。

4. 电动机的日常检查

（1）检查电动机及前后轴承温度是否正常。

（2）检查电动机电流是否超过其额定电流。

（3）检查电源电压是否在允许范围内。

（4）检查三相电压和三相电流是否平衡。

（5）检查电动机振动是否符合规定要求。

（6）检查电动机的声音和气味是否正常。

二、电动柱塞泵的使用与维护

（一）电动柱塞泵的操作使用

1. 启泵前的准备

电动柱塞泵也称往复泵，在启泵前必须检查泵和电动机的情况。例如活塞有无卡住和不灵活，填料是否严密，各部连接是否牢固可靠，变速箱内机油是否适量等。尤其重要的是，启泵前必须打开排出阀和排出管路上的其他所有闸阀，才可启泵。

2. 运转要求

（1）往复泵在运转中禁止关闭排出阀。由于液体几乎是不可压缩的，因此在启动或运转中如果关闭排出阀，会使泵或管路憋坏，还可能使电动机烧坏。

（2）在保证各部润滑良好的情况下，在运转中应采用“听声音，看仪表，摸机器温度”的办法随时掌握工作情况。

3. 流量调节

往复泵的流量调节可以用改变往复次数的方法进行，但在实际工作中，主要采用旁路调节阀进行调节。

4. 停泵

先停泵，然后再关闭排出阀。

（二）电动柱塞泵的保养与维护

1. 新安装的泵连续运转 5 天后应换一次油，经 15 天再换一次油，以后三个月换一次油。

2. 在运转中应经常观察压力表的读数。

3. 润滑油的温升一般不超过 30℃。

4. 当油面低于油标时，应添同种机油至要求高度。

5. 阀有剧烈的敲击声或传动部分的零件温升很高时，应停车检查处理。

6. 每月清洗吸入过滤器一次。

7. 定期检查电气设备的连接及绝缘情况。

8. 详细记录在运转中和修理中出现的情况。

三、抽油机的保养

抽油机是24小时连续运转的机械。抽油机的日常保养指由井矿盐采卤工每班或每日进行的检查保养，其内容如下：

1. 检查各部位紧固螺丝，用手锤击打一下主要部位的螺丝，应无松动滑扣现象。也可采用划安全线的办法，检查时注意安全线是否错开位置。关键部位如曲柄销螺帽必须每次检查。

2. 检查减速器，中轴、尾轴、曲柄销应无异常声响，不缺油、不漏油。

3. 保持机身的清洁、无油污。

第三节　采输卤常用设施的使用与维护

采输卤生产中的常用设施有井、管线、储卤池、储卤罐等。本节重点介绍井的使用与维护。管线、储卤池、储卤罐的使用与维护，本书则不做介绍。

一、井口设施的使用与操作

为了保证注水、采卤井的正常生产，就必须在井口和站内安装一些能控制、调节注水和采卤流量的设施，我们把这些设施称之为井站设施。这些设施通过管、阀串连成一个系统，是整个采卤生产过程中不可缺少的设施。

（一）井口设施的组成

井口设备由套管头、油管头、采卤树三部分组成，用来连接套管柱、中心管柱，并密封各层套管之间及与中心管之间的环形空间，并可控制生产井口的压力和调节卤水井口流量，也可用于压裂、注水、测试等特殊作业。下面主要讲井口装置的内容。

1. 井口装置的作用

井口装置(如图 5-3-1)的主要作用是:悬挂中心管,承托井内全部中心管柱重量;密封中心管、套管之间的环形空间;控制和调节注水、采卤井的生产;录取压力资料,保证各项作业施工的顺利进行。

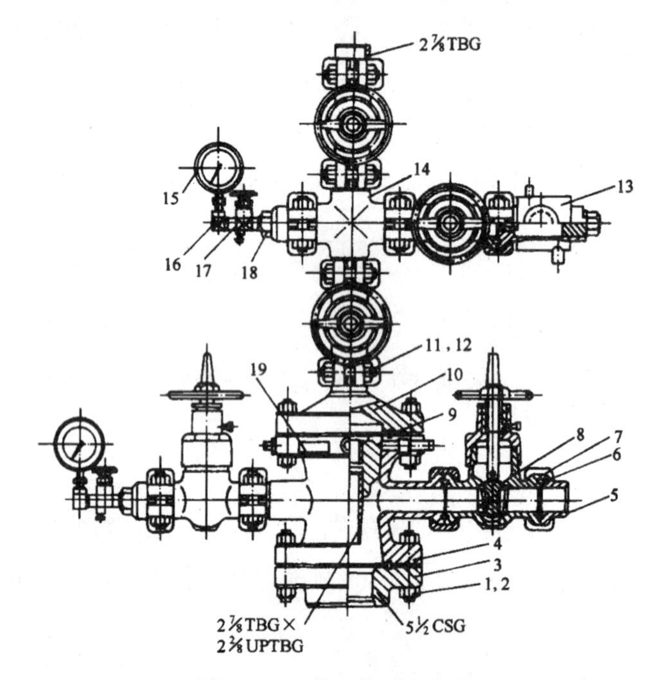

图 5-3-1 井口装置示意图

1. 螺母;2. 双头螺栓;3. 套管法兰洪;4. 锥座式中心管头;5. 卡箍短节;6. 钢圈;7. 卡箍;8. 闸阀;9. 钢圈;10. 中心管头上法兰;11. 螺母;12. 双头螺栓;13. 节流器;14. 小四通;15. 压力表;16. 弯接头;17. 压力表截止阀;18. 接头;19. 铭牌

2. 井口装置的种类

采卤井口装置大多延用采油井口装置,主要有我国自己设计制造的大庆 150、大庆 160 微型、CY250、CYb360、胜 251、胜 11 型等井口装置。

3. 井口装置的结构

以国产 CY250 井口装置为例,各零部件有套管四通、左右套管闸门、中心管头、中心管四通、总闸门、左右生产闸门、测试闸门、中心管挂顶丝、卡箍、钢圈及其他附件。

（二）井口装置的连接方式

井口装置连接方式主要有以下5种：

1. 卡箍连接：井口装置各组成部件之间的连接均是以卡箍为主，如大庆150II、胜261微型、胜254、CY-3-250等井口装置。

2. 螺纹连接：井口装置各组成部件之间的连接均是以螺纹为主，如大庆150、胜251等井口装置。

3. 铁箍连接：井口装置各组成部件之间的连接均是以铁箍为主，如胜工型、胜11型等井口装置。

4. 法兰连接：井口装置各组成部件之间的连接均是以法兰为主，如上海大隆、荣丰、良工等井口装置，见图5-3-2所示。

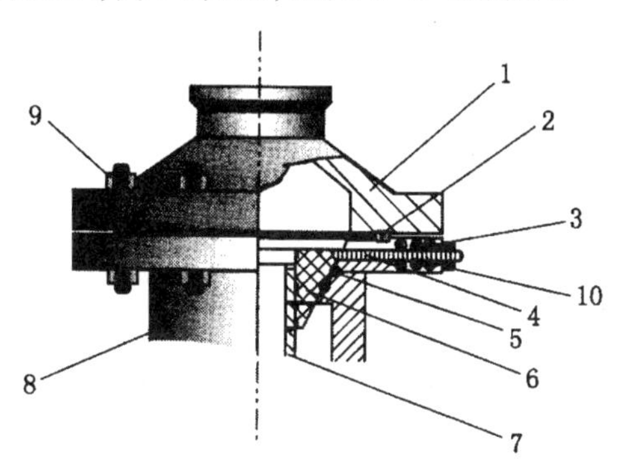

图5-3-2　井口CY250型井口装置大法兰组成示意图

1. 法兰上压盖；2. 大钢圈；3. 顶丝压帽；4. 密封胶圈；
5. 中心管挂密封圈；6. 中心管挂；7. 中心管；8. 套管；
9. 法兰连接螺栓；10. 中心管挂顶丝

5. 卡箍法兰连接：井口装置各组成部件之间的连接均是以卡箍与法兰为主，如CY250等井口装置。

（三）各部件的作用

1. 测试闸门（250型）的作用：用以连接胶皮闸门，便于测压、试井等。

2. 小四通的作用：用以连接测试闸门与总闸门及左右生产闸门。

3. 总闸门的作用：开、关井以及在总闸门以外设备的维修时切断井底压力。

4. 大四通的作用：它是中心管套管汇集分流的主要部件。通过它密封油套环空、油套分流。外部是套管压力，内部是中心管压力。下部连接套管短接。

5. 套管短接的作用：上部与四通下法兰螺纹连接，下部与套管连接，并可根据井场的高低，作业施工时调整套管短接来达到提高或降低的要求。

6. 表层套管与生产套管的钢板支承的作用：连接生产套管及表层套管，使井口装置不产生振动。

（四）井口装置的维护保养

井口装置的维护保养内容是：保持设备清洁无渗漏、无盐渍、无锈、无松动、无缺件、各部件开关灵活好用。下面仅以250型闸板闸门为例进行讲述。

1.250型闸板闸门的组成

250型闸板闸门的组成如图5-3-3所示，主要是由阀体、大压盖、闸板、丝杠、推力轴承、手轮、压盖、压帽等组成。250型闸板闸门的作用就是开通和截止流程。

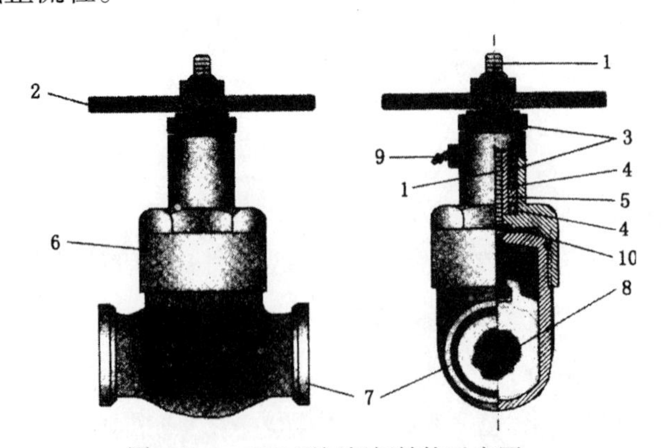

图5-3-3　250型闸板阀结构示意图

1. 丝杠；2. 手轮；3. 压盖；4. 推力轴承；5. 铜套；
6. 大压盖；7. 卡箍头；8. 闸板；9. 黄油嘴；10. 密封胶圈

2.250型闸板闸门易发生的故障及维修

（1）更换闸门推力轴承与铜套

将闸门开大，先卸掉手轮压帽、手轮及手轮键，再卸掉轴承压盖，顺着丝杠螺纹退出铜套，取出旧轴承，换上新轴承并加上黄油。将铜套装到丝杠上，顺丝杠螺纹装入到闸门大压盖中，装好轴承压盖，装好手轮、手轮键和手轮压帽，擦净脏物。

（2）更换闸门丝杠的O型密封圈（闸板）

如在现场更换，无控制部位的闸门应压井后再更换。如是能控制的部位，应先倒流程放空后方可拆卸。用900mm或1200mm管钳卸掉闸门大压盖，连同闸板提出，摘掉闸板，推出丝杠（应先卸掉手轮及铜套轴承），将旧密封圈取出，更换新的同型号密封圈。确认无误后，挂上闸板，对准阀体的闸板槽推入，上紧大压盖，同时上大压盖边关（活动）闸门，直至上紧。试压合格后，恢复原流程。

（3）250型闸板闸门在使用中应注意的事项

①避免闸门缺油磨坏轴承，应定时加油。

②开关闸门时应开大后或关死后倒回半圈。

③高寒地区关井时应放掉管线的水，以防冻死闸板而拉断闸板上的台阶。

④如发现闸板冻死，不要硬开，用热水加温后再开。开时，要用手锤轻轻击打闸门体下部。

二、卤水井的生产维护

卤水井的生产维护分为外部设备维护和生产维护。

1. 卤水井外部设备维护

外部设备的维护保养工作是保证卤水井硬件设施正常运转的基础工作。根据具体情况，结合井矿盐采卤工岗位责任制，制定巡检计划，建立定期保养制度。维护保养工作可以概括为十个字，即清洁、润滑、紧固、调整、防腐。清洁，指设备外观无灰垢、油泥；润滑，指设备各润滑部位的油质、油量满足要求；紧固，指各连接部位紧固；调整，指有关间隙、安全装置调整合理；防腐，指金属结构件及阀体清除掉腐蚀介质的浸蚀及锈迹，并及时刷漆。

2. 采卤生产维护

采卤生产维护分为两个方面：一是正常的生产管理维护，即防盐结晶、清结晶、防砂堵等；二是生产异常时的修井作业、冲砂、调配管柱等，即靠井矿盐采卤工自己解决不了的问题，需要施工作业来处理修补恢复井的正常生产。

由于卤水从井底由井筒被举升到井口的过程中，随着温度的降低，卤水浓度较高时会出现结晶析出，结晶在管柱和井口管线内粘附。如不及时采取措施预防（或处理），结晶就会影响卤水井正常的生产采卤（举升），降低采卤效率，严重时使井不能正常生产。故采卤人员在生产实践中摸索出了行之有效的解决办法：防盐结晶与清结晶。

（1）防盐结晶

卤水井出现盐结晶是客观的。结盐严重就影响采卤流量，所以防盐结晶是卤水井生产维护的重点。常用的方法有适时倒井和冲井。通过倒井或冲井，利用淡水把井口和井筒内的盐结晶溶化，以保证管线畅通。

（2）清结晶

清结晶就是把井内结晶清除。在生产现场，清结晶的方法主要有两种：一是人工清结晶，即关闭井口阀门，用工具人工清理井口或管线内结晶；二是注淡水清结晶，即以淡水冲洗管壁和井筒清结晶。

（3）防砂堵

卤水井出砂的原因很多，与完井质量、采卤方法不当（有时生产压差过大）、溶腔形状等有关。如不及时防泥砂，就会使卤水井有堵井可能，影响正常生产。在采卤生产实际中，防砂堵的方法主要有两种：一是要落实卤水井工作制度，严格操作程序和质量标准；二是对易出现砂堵的井严格监控，控制合理流程。

复习与思考题：

1. 采卤生产常用仪器仪表有哪些？
2. 电磁流量计的作用原理是什么？
3. 波美计的作用是什么？作用原理是什么？
4. 初级工应掌握的仪表操作有哪些？
5. 离心泵的工作原理是什么？
6. 高压离心注水机泵运行检查内容是什么？
7. 离心泵启动前检查及停泵检查内容是什么？
8. 离心泵例行维护保养的操作有哪些？
9. 电动机的日常检查内容是什么？
10. 井口设备由哪几部分组成？
11. 闸板闸门在使用中应注意的事项是什么？
12. 防盐结晶常用的方法有哪些？

第六章 生产监控

第一节 生产工艺参数

卤水生产工艺参数是根据石盐的特性来比照产品质量、卤水质量及标准知识设定的参考值。主要指注水量、产卤量、卤水浓度的监测、调整和配采,具体指电流、电压、浓度、流量、压力、温度、液位等数据的监测与调整。

一、生产参数的校对

实例 1: 校对压力表

1. 操作步骤

(1)携带准备好的工具、用具、压力表到井口,首先核对被校压力表与准备的压力表(标准表)量程是否相符,观察井口流程(与压力表相通的)情况,看传压流程中各阀门是否都打开,即压力表显示的压力是否是真实的,并记录压力值。

(2)关压力表针型阀,如图 6-1-1(a)所示,顺时针方向关手轮,至关不动为止,双手各拿一把活动扳手,按习惯左手持 300mm 扳手,把开口调节至与压力表接头合适,卡好接头,右手持 200mm 扳手卡住压力表卸扣,左手轻力扶住,右手用力逆时针卸压力表,在压力表与表接头松动后(此时表内压力开始有下降迹象),缓慢继续卸,放掉弹簧管内的余压,在压力表指针归零后,可放下手中扳手,用手卡住压力表螺纹上部继续卸，最后卸掉。

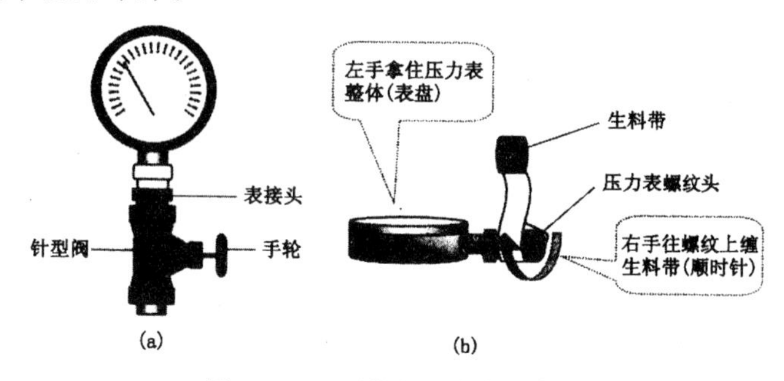

图 6-1-1　更换的压力表示意图

（3）把卸下压力表放好，用螺丝刀清理压力表接头内余留污物，再用棉纱擦净。

（4）给准备螺纹缠生料带。左手拿住压力表整体，使连接螺纹向右手，用右手往螺纹上缠生料带，顺时针 4~5 圈即可，如图 6-1-1（b）所示。

（5）装表。先用双手使压力表与表接头对正，缓慢上扣，等上几扣后，确认没有偏扣后再用 200mm 扳手继续上，并上紧上正。

（6）试压。在压力表上好后用手用力逆时针方向打开针型阀手轮，在看到压力表指针起压时，停止。在压力不再上升后，仔细检查压力表接头有无渗漏，在确认无问题后开大针型阀，记录（量程 1/3~2/3）压力表显示的压力，并与原压力表的压力值进行对比，并做好记录。若差值过大（按表的精度与最大量程计算），就说明原压力表已不能继续使用，需要更换；如果差值没有超出范围，说明原压力表还可以继续使用。

（7）卸下标准压力表，装上原压力表。

（8）收拾工具，清理现场，收工。

2. 注意事项

（1）压力表的螺纹没有卸松动时，不允许用手扳压力表（盘）整体卸表。

（2）给压力表螺纹缠生料带时要宽度一样，缠匀不能打卷，4~5 圈就可以了。

（3）开始卸压力表时必须用另一把扳手打备钳，防止连表接头或针型阀一起卸松。

二、生产参数的调节

1. 认识离心泵的特性曲线

离心泵在恒速下，流量与扬程（Q–H）、流量与轴功率（Q–N）、流量与效率（Q–η）、流量与允许吸入高度（Q–Hs）、流量与汽蚀余量（Q–Δh）之间的关系曲线，称为离心泵的特性曲线，如图 6–1–2 所示。

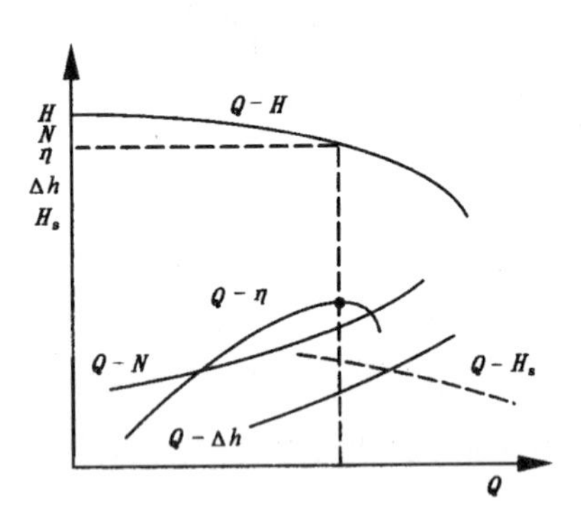

图 6–1–2　离心泵的特性曲线

从曲线中可以看出：扬程 H 随流量 Q 的增大而下降；轴功率 N 随流量 Q 的增大而增大；允许吸入高度 Hs 随流量 Q 的增大而下降；允许汽蚀余量 Δh 随流量 Q 的增大而增大；效率 η 随流量 Q 的增大而提高，但当流量 Q 增大到某一数值时，效率非但不再增加，反而下降。效率最高点 A，称为泵的最佳工况点。与该点相对应的流量、扬程、轴功率即为泵铭牌上规定的额定流量、额定扬程和额定功率。

2. 离心泵的工况点

离心泵与管路联合工作时，泵提供给液体的能量与液体在管路中输送所消耗的能量相等的点，称为离心泵的运转工作点，即工况点。因此离心泵的工况点，就是泵的特性曲线与管路特性曲线相交的点。A 点即为泵的工况点。如图 6–1–3 所示。

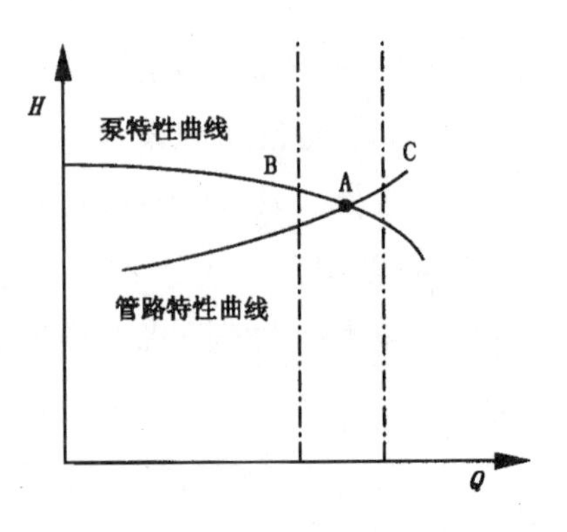

图 6–1–3　离心泵的工况点

如果泵不在 A 点工作，而在 B 点

上时，则泵的输出能量大于管路所需要的能量，使流量增大。与此同时，管路的摩阻也相应增大。达到能量平衡时，泵给出的能量与管路所需要的能量相等，又回到A点。反之，如泵在C点工作时，则泵给出的能量小于管路所需要的能量，使流量减小。与此同时，管路的摩阻也随之减小。达到平衡时，泵给出的能量与管路所需要的能量相等，又回到A点。所以离心泵与管路联合工作时，只有一个工况点，且必须是泵的特性曲线与管路特性曲线的交点。

3. 离心泵的串并联运行特性

（1）离心泵并联特点

①总流量等于两泵流量之和，即Q=Q1+Q2。

②总扬程等于各泵扬程，即H=H1=H2。

注意：离心泵并联工作时，必须是同型号泵或扬程相近的泵。

（2）离心泵串联特点

①总流量等于各泵流量，即Q=Q1=Q2。

②总扬程等于两泵扬程之和，即H=H1+H2。

注意：离心泵串联工作时，必须是同型号泵或流量相近的泵。

4. 离心泵运行参数调节

（1）流量、扬程的调节

在注水系统生产中，常需要对注水泵的流量进行调节，以满足实际生产的要求。调节流量的方法很多，这里仅介绍以下常用的几种：

①出口阀门调节

这种调节流量方法的原理是通过改变出口阀门的开启度，来达到改变流量的目的。当使泵的流量减小时，关小出口阀门，则泵的扬程就会升高。如果在泵的能力范围内，当需要增大泵的流量时，可开大出口阀门，使流量得到满足，而扬程则下降。该调节方法简便易行，只要改变阀门的开启度，即可满足对压力和流量的调节需要，所以应用较广。

调节时，根据需要的流量和扬程，开关出口阀门，并通过泵压力表、电流表或流量计观察数值,以达到调节目的。

②回流阀门调节

就是用出口回流阀门的开启度来调节流量。是当泵的额定流量超过管网实际需要的流量时,所采用的一种流量调节方法。根据管网实际需要的流量或扬程,开关出口回流阀门,让多余的一部分水从泵出口流回储水罐,来实现流量调节。开大回流阀门时,泵提供给管网的流量、扬程降低;关小回流阀门时,泵提供给管网的流量、扬程增大。

调节时,根据管网需要的流量和扬程,开关出口回流阀门,并通过泵压力表、管压表、电流表或流量计观察数值,以达到调节目的。

③调速调节

根据泵的相似原理可知:泵的流量与转速成正比;泵的扬程与转速的平方成正比;泵的轴功率与转速的立方成正比。这种调节方法是通过调节泵的转速改变泵的特性,来达到调节流量的目的。但它仍在高效区内工作,所以说它是一种经济的调节流量的方法。

这种流量调节需要从改变原动机的转速入手,如用可调速的燃汽轮机、绕线式电动机、采用液力耦合器等,设备投资大且较复杂,不便于操作和维护等。

(2)管路压力与流量的调节

①泵出口阀门调节

这种调节流量方法的原理是通过改变出口阀门的开启度,使管路特性曲线发生变化,从而使泵的工作点发生变化,来达到改变流量的目的。该调节方法简便易行,所以应用较多。但它易使泵不能在高效区工作,且阀门节流能量损失较大,是一种不经济的流量调节方法。这种调节方法仅适于离心注水泵。

②旁路回流阀门调节

这种调节流量方法是通过改变出口旁通阀门的开启度,使管路特性曲线发生变化,从而使泵的工作点发生变化,来达到改变流量的目的。该调节方法简便易行,所以应用较多。但它使泵所提供的一部分能量白白浪费掉，所以也是一种不经济的流量调节方法。这种调节方法既适于离心泵又适于柱塞泵的流量调节。

③调速调节

这种调节方法是通过调节泵的转速改变泵的特性，使泵和管路的工况点发生改变，来达到调节流量的目的。这种流量调节方法虽然泵的工况点发生了变化，但它仍在高效区内工作，所以说它是一种经济调节流量的方法。这种调节方法既适于离心泵又适于柱塞泵的流量调节。目前，较为理想的是变频调速器调节。

5. 合理控制泵管压差

泵管压差是指泵压与管压的差值，即泵压表与管压表之间沿程摩阻与局部摩阻之和。它是反映注水泵和注水管网能量供求关系的一个重要生产技术指标。一般要求注水泵管压差不得大于0.5MPa。泵管压差大，说明注水泵所提供的压能大于注水管网所需要的能量，就会有一部分能量白白消耗在出口阀门上。出口阀的节流损失大，注水单耗相对就大。这是我们所不希望看到的，因此我们必须采取措施来降低注水泵管压差。

降低泵管压差的措施有以下几方面：

（1）合理调整注水泵运行参数。

（2）采用变频调速器调整注水泵的转速。

（3）心泵叶轮减级、切削叶轮或更换较小叶轮。

（4）改变柱塞泵往复次数、柱塞直径和行程长度。

（5）采用流量大小不同的泵，根据需要进行间歇轮换工作。

（6）调整同一注水管网中开泵台数。

实例2：调整注水量操作

1. 操作步骤

（1）携带好工具、纸笔、计算器、秒表到配水间，检查注水装置及流程，如图6-1-4所示。

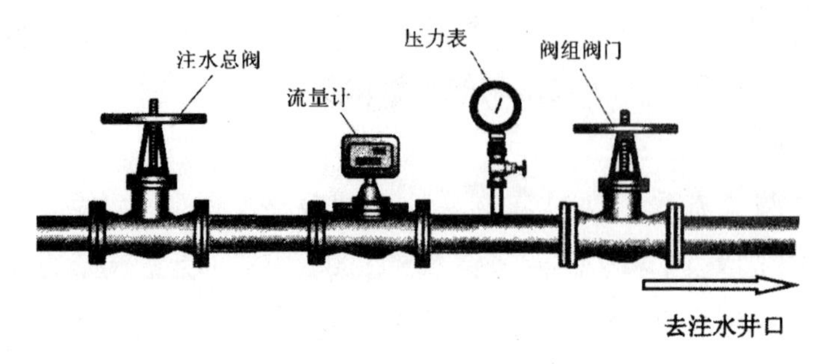

图 6-1-4 注水井调控注水量流程示意图

（2）核实注水井目前注水压力、流量计瞬时水量，做好记录，根据情况确定是否需要调整水量。

（3）调整注水量。

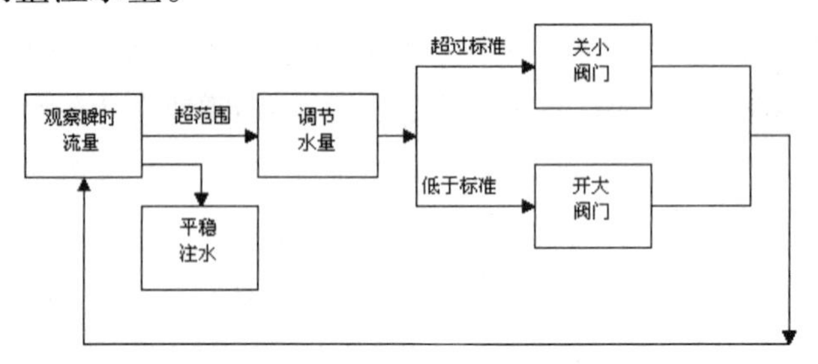

图 6-1-5 阀门调节流量程序

如果核实压力、瞬时水量后与生产要求不符，则按照调整通知单要求调整注水量。用“F”型扳手缓慢开注水阀组阀门—注水调控阀门，根据阀门调节流量程序进行操作（图 6-1-5）。如还达不到定量范围，继续重复执行该程序调控注水，至达到符合要求为止。

（4）在调控合适后，记录下注水压力、瞬时流量和流量计底数，记录及时整理上交。

2. 注意事项

（1）调控水量一般用注水阀组阀门来调控。

（2）开关阀门时一定要侧身。

（3）流量计部分不得随意拆动，不得猛烈振动或击打。

（4）读值时，眼睛、指针、刻度成一条垂直于表盘的直线。

第二节　注水量的计量

一、计量知识

1. 计量器具

计量器具又叫测量器具，可以单独地或连同辅助设计一起用以进行测量的器具。它包括量具、计量仪器仪表、计量装置和标准物质。

量具是指在使用时以固定形态复现或提供给定量的一个或多个已知值的器具。它又可分为独立量具和从属量具两种，前者如尺子、量筒等，后者如砝码、量块等。

计量仪器仪表是将被测量值转换成可直接观察的示值或有效信息的计量器具。如压力表、水表、天平、温度计等。

计量装置是指为确定被测量值所必需的计量器具和辅助设备的总称。如出租车计价器检定装置、煤气表检定装置等。

标准物质(有证)是指具有一种或多种准确确定的特性值，用以标准计量器具评价测量或给材料赋值，并附有强制性的鉴定机构发给证书的物质或材料。

2. 计量器具的分类：

(1)按计量科学的专业可分为几何量(长度)、热工、力学、电磁、无线电、时间频率、声学、光学、化学和电离辐射等十大类计量器具。

(2)按法制管理的程度可分为强制检定计量器具和非强制检定计量器具。

(3)按结构原理可分为量具(不含有量的转换和放大机构，如砝码、电阻器、量块、量规、钢直尺等)和仪器(含有量的转换和放大机构，如温度计、压力表、分光光度计、千分尺、三坐标测量机等)。

(4)按在量值传递中的地位可分为测量标准和工作计量器具。其中测量标准又可以进一步分为基准、次级基准、工作标准等。

3. 使用计量器具时应注意的问题

要根据工作实际需要正确选用计量器具，包括量程、测量范围、使用条件、测量不确定度等。要防止“精度越高越好”的错误观念。

在用计量器具必须经检定合格并在有效期内使用。不准在工作岗位上使用无检定合格印、证或超过检定周期以及经检定不合格的计量器具。

使用计量器具不得破坏其准确度，损害国家和消费者的利益。

属于强制检定的计量器具必须按国家规定送定法计量检定机构（包括授权的）实行定点定周期检定。强制检定的计量器具请参阅国家发布的有关规定。

计量基准和计量标准的建立、考核、使用等，国家有专门的规定，详见 1987 年 7 月 10 日国家计量局发布的《计量基准管理办法》和《计量标准管理办法》。

二、注水量的测量方法

1. 直接计量法

（1）选取量程及精度等级合适的水表安装到注水工艺流程中。

（2）倒通流程，读取水表数值。读取水表底数时，同时按动秒表进行计时，并记录好水表底数和计时开始时刻。

（3）当水表读数达到某一数值时，立即按下秒表停止计时，并记录好水表读数和计时终止时刻。

（4）当流量恒定时，直接读取瞬时流量即可。当流量不恒定时，可采用定量推算法测量注水量。

（5）注水站（井）计量注水量一般采用班、日累计计算的方法，即在相对应的时间内读取和记录水表底数及最后读数，计算出最后读数与开始底数之差，即为该单位时间内的累计注水量。

2. 定量推算法

定量推算法计算注水量采用 6-2-1 式。

$$Q_w = \frac{Q_2 - Q_1}{t} \times 3600 \qquad (6\text{-}2\text{-}1)$$

式中 Q_W——注水量(单位：m^3/h)

Q_1——计时开始时水表读数(单位：m^3)

Q_2——计时终止时水表读数(单位：m^3)

t——计时时间(单位：s)

三、注水量的测量与计算方法

实例 3：注水量的测量与计算方法

1. 操作步骤

(1)检查流程是否倒通，有无渗漏。

(2)检查所使用的秒表是否准确好用。

(3)检查校对水表或流量计是否完好、运转是否正常。

(4)若注水系统工况稳定且流量计瞬时流量准确时，可从流量计上直接读取。

(5)若注水系统工况不稳定或流量计瞬时流量不准确时，可采用定量推算法：

①读取水表底数时，同时按动秒表进行计时，并记录好水表底数和计时开始时刻。

②当水表读数达到某一数值时，立即按下秒表停止计时，并记录好水表读数和计时终止时刻。

③将测量的数据代入公式即可计量出注水量。注水量定量推算法公式为 6-2-1 式。

(6)注水站(井)计量注水量一般采用班、日累计计算的方法，即在相对应的时间内读取和记录水表底数及最后读数，计算出最后读数与开始底数之差，即为该单位时间内的累计注水量。

2. 技术要求

（1）必须在流量计或水表运行正常准确的条件下进行注水量的计量。

（2）读数和计时必须同时进行，并准确做好记录，消除人为计量误差。

（3）当瞬时流量不准时，可采用定量推算法计量注水量。

（4）前后读数必须连贯，如遇更换新水表或调节水表数时，应分别记录好更换水表或调节水表前后的读数。

（5）调节注水量时，要缓慢开关泵出口阀门或注水井生产阀门，不得用水表前的阀门来控制水量，以免因阀门节流产生旋涡，影响测量精度。

第三节　卤水品质与采卤量计算

一、卤水品质

矿石品位是衡量矿石品质的主要标志，它是指矿石中有用组分的单位含量。就石盐矿石来说，以矿石中 NaCl 含量的质量百分比（%）来表示。

矿石的应用价值与品位关系很大。石盐矿石按品位可大致分为三类：富矿石的 NaCl 含量大于 80%；中等矿石的 NaCl 含量为 50%~80%；贫矿石的 NaCl 含量为 30%~50%。

卤水的品质可以有四种表示方法：1.1L 卤水中盐类物质的含量（g/L）；2. 卤水中盐类物质的百分含量（%）；3. 卤水的波美度（°Bé）；4. 卤水的密度（kg/L）。其中 1、2 两种方法需经化学分析测定。对卤水中盐类物质的含量进行化学分析是必不可少的，但需要一定的时间。3、4 两种方法可以直接测定。用一般比重计可以直接测定卤水密度。因卤水相对密度一般在 1~1.26 之间，其间隔太小，读数误差较大，且读的数畸零，不易记忆。故在实际生产中，常用波美比重计（简称波美表）来直接测定卤水波美度。波美度（°Bé）为旧制浓度单位，“卤水浓度”一般皆指波美度（°Bé），系行业习惯，下同。

目前常用的波美表有两种：一种以浓硫酸的相对密度为标准，即纯水为0°Bé，以相对密度1.8429的H_2SO_4为66°Bé。在温度为15℃时，卤水密度与波美度的关系可用下列实验式表示：

$$d=\frac{144.3}{144.3-X^{\circ}Be'} \tag{6-3-1}$$

式中 d——卤水密度（单位：kg/L）

X——未知数

°Bé——波美度数

根据公式（6-3-1）推算的15℃时卤水波美度与卤水密度。

另一种以NaCl溶液的相对密度为标准，每度约等于卤水含盐量1%。即纯水为0°Bé，以10%的NaCl溶液为10.746°Bé，温度为12.5℃和1.5℃时，卤水密度与波美度的关系分别用实验式（6-3-2）和（6-3-3）表示：

$$d=\frac{144.3}{144.3-X^{\circ}Be'} \tag{6-3-2}$$

$$d=\frac{145}{145-X^{\circ}Be'} \tag{6-3-3}$$

卤水密度与卤水中NaCl百分含量的关系，可用下列实验式表示：

$$A=105.7d-105.7 \tag{6-3-4}$$

式中 A——卤水中NaCl的百分含量（单位：%）

d——15℃时的卤水密度（单位：kg/L）

单位体积卤水的NaCl含量与NaCl百分含量的相互关系，可以用下式表示：

$$C=A\times 10\times d\ (\text{或}A=\frac{C}{10\times d}) \tag{6-3-5}$$

式中 C——单位体积卤水的 NaCl 含量(单位：g/L)

根据(6-3-4)和(6-3-5)式，用卤水密度计算卤水中的 NaCl 含量。

由于物质热胀冷缩，致使同一卤水在不同温度下的密度有差异。例如，15℃时海水为 3°Bé；温度升至 30℃时，该海水为 2.5°Bé，其含盐量相差 1/6。因此，必须统一校正为标准温度(15℃)下的卤水浓度，以便比较。在实际工作中，应在测定卤水浓度的同时，测定卤水温度。待进行室内资料整理时，再根据标准温度(15℃)下的卤水浓度校正值进行修正。

值得提出的是，波美表中的刻度虽以卤水的含盐百分率为标准，但波美表的制造原理实以卤水的密度为依据。波美度数与含盐百分率虽相近似，因卤水中所含盐类物质不同，对卤水密度的影响也不相同，因此，波美度数与含盐百分率仍有差异。例如，同为 10% 的溶液，标准 NaCl 溶液波美度为 9.6°Bé，$MgCl_2$ 溶液为 11.6°Bé，$BaCl_2$ 溶液则为 12.2°Bé。如为同一波美度的卤水，所含盐类物质不同时，其含盐量亦不一致。卤水中含多种盐类组分时，亦影响波美度值。

二、卤水“原方”与“标方”的换算

真空制盐生产中的卤水消耗量(指每生产一吨盐所消耗的实际卤水量)，常用两种计算方法，一是以卤水的实际体积为基础，称为“原方”；另一种是将卤水折算成 NaCl 100g/L 为基准而计算体积，称为“标方”。

例如 NaCl 含量为 300g/L 的卤水，现有 $10m^3$，则原方为 $10m^3$，标方为：

$$\frac{300}{100}\times 10 = 30(\text{标 } m^3)$$

三、采卤量计算

采卤量的计量同注水量计量，有直接计量法和定量推算法。

实例 4：产卤量的测量与计算

1. 操作步骤

（1）检查流程有无渗漏。

（2）检查所使用的秒表是否准确好用。

（3）检查校对水表或流量计是否完好、运转是否正常。

（4）若产卤系统工况稳定且流量计瞬时流量准确时，可从流量计上直接读取。

（5）若产卤系统工况不稳定或流量计瞬时流量不准确时，可采用定量推算法：

①读取水表底数时，同时按动秒表进行计时，并记录好水表底数和计时开始时刻。

②当水表读数达到某一数值时，立即按下秒表停止计时，并记录好水表读数和计时终止时刻。

3. 测量的数据代入公式即可计量出产卤量。瞬时产卤量推算法公式为：

$$Q_s = \frac{Q_2 - Q_1}{t} \times 3600 \qquad (6\text{-}3\text{-}6)$$

式中 Q_S——瞬时产卤量（单位：m^3/h）

Q_1——计时开始时水表读数（单位：m^3/h）

Q_2——计时终止时水表读数（单位：m^3/h）

t——计时时间人（单位：s）

（6）产卤量一般采用班、日累计计算的方法，即在相对应的时间内读取和记录水表底数及最后读数，计算出最后读数与开始底数之差，即为该单位时间内的累计产卤量：

$$Q_L = Q_2 - Q_1 \qquad (6\text{-}3\text{-}7)$$

式中 Q_L——累计产卤量（单位：m^3）

Q_1——计时开始时水表读数（单位：m^3）

Q_2——计时终止时水表读数（单位：m^3）

2. 技术要求

（1）必须在流量计或水表运行正常准确的条件下进行产卤量的计量。

（2）读数和计时必须同时进行，并准确做好记录，消除人为计量误差。

（3）当瞬时流量不准时，可采用定量推算法计量产卤量。

（4）前后读数必须连贯，如遇更换新水表或调节水表数时，应分别记录好更换水表或调节水表前后的读数。

（5）调节产卤量时，要缓慢开关泵出口阀门或产卤井生产阀门，不得用水表前的阀门来控制量，以免因阀门节流产生旋涡，影响测量精度。

第四节 填写采卤生产报表

填写生产日报表是采卤工天天要做的、最基本的工作内容，可为技术部门提供最原始的井矿资料。报表的填写分为人工采集填写和自动化系统自动采集填写两种方式，不管采取何种采集方式，报表都涉及大量的统计学知识。

一、统计学知识

统计学是应用数学的一个分支，主要通过利用概率论建立数学模型，收集所观察系统的数据，进行量化的分析、总结，并进而进行推断和预测，为相关决策提供依据和参考。它被广泛的应用在各门学科之上，从物理和社会科学到人文科学，甚至被用于工商业及政府的情报决策上。

二、报表的填写方式

1. 报表内容

在日常工作中，报表中常输入两类数据。一类是常量，常量是可以直接键入到单元格中的数据。它可以是数字值（包括日期、时间、货币、百分比、分数、科学记数），或者是文字，且数据值都是常量并且不能改变。第二类是公式，即需经过计算后的数据。

2. 人工填写报表

人工采集报表填写可采用手工填写和电子表格填写两种方式。手工填写常使用印刷类的表格，将人工采集的数据或文字直接填写在表格上，其中有些数据需经过计算后获得。电子表格填写则是借助电脑中的表格制作软件，将人工采集数据直接输入电脑中，其中有些需计算的数据则可经过电脑的自动计算获得，无需再人工计算。另外，电子表格可根据工作表中的已有数据绘制图表。图表类型包括条形图、饼图、线形图、股票图和雷达图等，可提供三维（3D）图表，具有支持丰富的图表格式设置功能、支持趋势线功能等。

3. 自动填写报表

自动采集报表填写则是自动化采集系统将所需数据自动填入已预先在电脑中设置好的报表模板中，所有填写过程全部由电脑自动完成。此方法相比手工填写最大的优点是实时、快捷，可以对系统瞬时数据进行填写，并可根据生产要求打印所需报表，其记录方式也可根据用户要求达到分钟、小时、1 天累计等多种报表填写。缺点是由于数据量较大，对电脑运行稳定性要求比较高。

三、人工采集卤水井资料

人工采集卤水井资料是指对各井压力、流量、总管温度等数据的收集以及卤水井卤水样品的采集。

1. 压力收集：分为注水压力和采卤压力，每天录取一次，特殊情况加密录取。录取压力所用仪表量程必须在量程的 1/3~2/3 范围内，且以每月校对一次合格的压力表为准。

2. 流量收集：按规定每天收集 4 次，根据电磁流量计数据，记录瞬时流量和累计流量，特殊情况加密录取。

3. 卤水样品采集：正常生产井每天收集 4 次，倒井或浓度变化较大时根据需要加密录取。

取卤水样品操作步骤如下：

（1）识别取样样条，并携带取样瓶、工具等到配水间，首先检查确认样瓶编号、井号及流程情况。

（2）放出卤水。取样前先将取样口结晶盐清理干净，把污卤桶桶口对准取样口弯头处，右手缓慢打开取样阀，放出少量卤水，当看见有新卤水喷出时关取样阀门。

（3）取样。把取样瓶瓶口对准取样口弯头处，用左手拿好，右手缓慢打开取样阀门，开大并以不喷溅为原则，尽量避免将卤水溅到管道和阀门上。样瓶用卤水涮三次后，开始取样。取样量多少，以取够化验分析用量为准。

（4）确认取样量够后，关取样口阀门，拧紧样瓶盖。

（5）把污卤桶内污卤倒到规定的地方，清理现场，提好样瓶收工。

四、卤水井数据整理分析

1. 对卤水样品进行化验，得出 NaCl、Na_2SO_4 等化合物含量进行统计整理。填写卤水中化合物含量测定原始记录表，人工填写报表见样表 1。

2. 利用采集所得卤水井数据和化验员对卤水化验结果，绘制单井流量、含量日报表，电子表格报表见样表 2

样表 1　卤水中化合物含量测定原始记录

化 .No________________

井号	$AgNO_3$ 用量			$AgNO_3$（mol/L）	NaCl（g/L）	EDTA（mol/L）	SO_4^{2-}（g/L）	Ca^{2+}（g/L）	Mg^{2+}（g/L）	备注
	V 初（ml）	V 终（ml）	A 实量（ml）							

编号：　　采样时间：　　年　月　日　　化验时间：　　年　月　日　时　化验员：

样表 2　单井流量、含量表

日期	月　　日				月　　日			
时间	8:00		16:00		0:00		4:00	
井号	流量（m^3/h）	NaCl（g/L）	流量（m^3/h）	NaCl（g/L）	流量（m^3/h）	NaCl（g/L）	流量（m^3/h）	NaCl（g/L）
备注								

五、生产日报表的填写操作

样表3：生产日报表，此表可以是手工印刷报表由人工直接填写，也可以是电子表格由人工、电脑填写打印报表，也可以是电脑自动采集打印报表。

1. 操作步骤

（1）先填写表头内容：× × 单位，时间。

（2）填写井号，标注各井注、采现状，并填写各井配水间压力数据，该数据为现场读取。

（3）依次填写主要设备如取水泵当日运行时间、注水泵当日运行时间和输卤泵当日运行时间。

（4）填写卤水库存情况，即储卤罐液位。

（5）填写当日的取水总量和取水管压力，注水总量和注水管压力，采卤总量、输卤总量和输卤压力。

（6）填写水净化用药量和阻垢剂加药情况。

（7）签名：在所有生产数据填写完成后，再核对一遍，在确认无误后签名，提交审核。

2. 注意事项

（1）不能漏填、误填。

（2）所有报表必须当班人员签名，此内容必须手工填写以备查。

样表 3 ________________ 生产日报表

年 月 日 星期

<table>
<tr><td>注水井号</td><td></td><td></td><td></td><td></td><td></td><td></td><td></td><td></td><td></td><td></td></tr>
<tr><td>注水井压力(Mpa)</td><td></td><td></td><td></td><td></td><td></td><td></td><td></td><td></td><td></td><td></td></tr>
<tr><td>采卤井号</td><td></td><td></td><td></td><td></td><td></td><td></td><td></td><td></td><td></td><td></td></tr>
<tr><td>采卤井压力(Mpa)</td><td></td><td></td><td></td><td></td><td></td><td></td><td></td><td></td><td></td><td></td></tr>
<tr><td rowspan="4">取水泵运行时间</td><td>1#</td><td colspan="2">小时</td><td rowspan="4">注水泵运行时间</td><td>1#</td><td colspan="2">小时</td><td rowspan="4">罐液位(m)</td><td>1#</td><td></td></tr>
<tr><td>2#</td><td colspan="2">小时</td><td>2#</td><td colspan="2">小时</td><td>2#</td><td></td></tr>
<tr><td>3#</td><td colspan="2">小时</td><td>3#</td><td colspan="2">小时</td><td>3#</td><td></td></tr>
<tr><td></td><td colspan="2"></td><td>4#</td><td colspan="2">小时</td><td></td><td></td></tr>
<tr><td rowspan="2">输卤泵运行时间</td><td colspan="2">1#</td><td colspan="2">2#</td><td colspan="2">3#</td><td colspan="2">4#</td><td colspan="2">5#</td></tr>
<tr><td colspan="2">小时</td><td colspan="2">小时</td><td colspan="2">小时</td><td colspan="2">小时</td><td colspan="2">小时</td></tr>
<tr><td>取水量(m^3)</td><td></td><td colspan="2">注水量(m^3)</td><td></td><td colspan="2">采卤量(m^3)</td><td></td><td colspan="2">输卤量(m^3)</td><td></td></tr>
<tr><td>加药量(Kg)</td><td></td><td colspan="2">取水管压力(Mpa)</td><td></td><td colspan="2">注水管压力(Mpa)</td><td></td><td colspan="2">输卤压力(Mpa)</td><td></td></tr>
<tr><td>阻垢剂(Kg)</td><td></td><td colspan="9">备注:</td></tr>
</table>

值班调度签名:

复习与思考题:

1. 采卤生产的工艺参数主要指哪些?

2. 离心泵的主要参数是什么,如何调节?

3. 校对压力表时应该注意什么?

4. 简述如何定量计算注水量。

5. 划分卤水品质的指标有哪些?

6. 什么是原方,什么是标方?

7. 如果卤水浓度是293g/L,卤水有30m^3,请用原方和标方分别表述卤水浓度。

8. 采卤报表制作的方法有哪些? 各有什么特点?

第七章　安全生产、劳动保护与环境保护

一、安全知识

（一）安全的概念

安全，顾名思义，“无危则安，无缺则全”，安全即意味着没有危险且尽善尽美，这是与人类传统的安全观念相吻合的。随着对安全问题研究的逐步深入，人类对安全的概念有了更深的认识，并从不同的角度给它下了各种定义。

其一，安全是指客观事物的危险程度能够为人们普遍接受的状态。

其二，安全是指没有引起死亡、伤害、职业病或财产、设备的损坏或损失或环境危害的条件。

其三，安全是指不因人、机、媒介的相互作用而导致系统损失、人员伤害、任务受影响或造成时间的损失。

综上所述，随着人们认识的不断深入，安全的概念已不是传统的职业伤害或疾病，也并非仅仅存在于企业生产过程之中。安全科学关注的领域应涉及人类生产、生活、生存活动中的各个领域。职业安全问题是安全科学研究关注的最主要的领域之一。

（二）安全色

我国规定了红、蓝、黄、绿四种颜色为安全色。

（三）安全色的含义和用途

1.红色的含义为禁止、停止，主要用于禁止标志、停止信号，如机器、车辆上的紧急停止手柄或按钮以及禁止人们触动的部位。红色也表示

防火。

2. 蓝色的含义为指令、必须遵守的规定，主要用于指令标志，如必须佩带个人防护用具、道路指引车辆和行人行走方向的指令。

3. 黄色的含义为警告、注意，主要用于警告标志、警戒标志，如厂内危险机器和坑池边周围的警戒线、行车道中线、机械上齿轮箱的内部、安全帽等。

4. 绿色的含义为提示安全状态通行，主要用于提示标志、车间内的安全通道、行人和车辆通行标志、消防设备和其他安全防护装置的位置。

5. 需要注意的是，蓝色只有在与几何图形同时使用时，才表示指令。同时为了不与道路两旁绿色行道树相混淆，道路上的提示标志用蓝色。

（四）安全标志

安全标志是由安全色、几何图形和图形符号所构成，用以表达特定的安全信息。目的是引起人们对不安全因素的注意，预防发生事故。但不能代替安全操作规程和防护措施。它不包括航空、海运及内河航运上的标志。安全标志分为禁止标志、警告标志、指令标志和提示标志四类。

1. 禁止标志：含义是不准或制止人们的某种行动。其几何图形为带斜杠的圆环，斜杠和圆环为红色，图形符号为黑色，其背景色为白色，

2. 警告标志：含义是使人们注意可能发生的危险。其几何图形是正三角形。三角形的边框和图形符号为黑色，其背景色为具有指令含义的蓝色，图形符号为白色。

3. 指令标志：含义是告诉人们必须遵守某项规定。其背景色是具有指令意义的蓝色，图形符号为白色。

4. 提示标志：含义是向人们指示目标和方向。其几何图形是长方形，底色为绿色，图形符号及文字为白色。但是消防的 7 个提示标志，其底色为红色，图形符号及文字为白色。

二、劳动保护

井矿盐生产的特点，决定了生产过程中有一些作业要在高温、低温、高空、野外等恶劣条件下进行和完成。因此，在这些特殊工作环境中从事劳动作业的工人，需要给予相应的劳动保护，提供必要的劳动和休息条件，以保证他们的健康。

（一）作业现场劳动保护措施

1. 高温作业条件下对劳动者的保护

（1）高温作业的概念。在工业生产中，常会遇到高温伴有强烈热辐射，或高温伴有高湿的异常环境。在这种环境下所从事的工作，称为高温作业。高温作业主要包括高温、强热辐射作业，高温、高湿作业和夏季高温露天作业三种类型。

（2）高温作业对人体的影响。在高温作业中，人体可出现一系列生理功能的改变，主要表现在体温调节、水盐代谢、循环、消化、泌尿、神经系统等方面的改变。这些改变是高温作业的适应性反应，但适应是有一定限度的，超过了适应限度，对机体会产生不良影响，甚至引起中暑。

（3）保健措施。

①做好医疗防护工作。

②加强个人防护。夏季露天作业要戴草帽。对高温作业工人要供应透气性能好的工作服。

③供给清凉饮料。

④改革工艺及生产过程，加强自动化及机械化以代替人工操作。采用隔热措施，加强透风降温。

2. 野外条件下时劳动者的保护

从事井矿盐生产的一线工人，长期在自然环境多变的野外条件下工作，由于种种原因，工人容易患感冒、关节炎和胃病等职业病。因此，对井矿盐采卤工人的健康更要引起重视，并想办法予以优先解决。

加强野外一线作业工人的劳动保护工作，改善工人的工作和生活条件，逐步实现居住公寓化、吃饭餐车化。后勤服务工作做到使工人方便、及时、舒适、满意，使钻井工人上班时都能吃到热饭，喝上热水；下班后能洗上热水澡，穿上干净的衣服。患病能得到及时治疗，有条件的地方还应设置文体娱乐设施，丰富工人的业余文化生活。

（二）个体保护措施

1. 为了避免劳动者在生产过程中发生事故或减轻事故伤害程度，需要给劳动者配备一定的防护用品。劳动防护用品按用途分为以下几种：

（1）预防飞来物的安全帽、安全鞋、护目镜和面罩等。

（2）为防止与高温、锋利、带电等物体接触而受到伤害的各类防护手套、防护鞋等。

（3）对热辐射进行屏蔽防护的全套防护服。

（4）对放射性射线进行屏蔽防护的防护镜、防护面具等。

（5）对作业环境的粉尘、毒物或噪声进行防护的口罩、面具或耳塞等。

2. 各类防护用品

防护服、防护手套、防护鞋、安全帽、面罩和护目镜、呼吸防护器、护目器、安全带、防酸碱用品。

（三）穿戴劳动保护用品

1. 操作步骤

以使用安全帽为例：

（1）选择安全帽。根据工作及个人情况选择相应尺寸的安全帽。

（2）检查安全帽。要求安全帽无龟裂、下凹、裂痕或严重磨损。

（3）调整安全帽垫布。调节安全帽带子，使垫布松紧合适，保证人的头顶和帽体内部间隔在4.5cm左右，至少不小于3cm。

（4）戴正安全帽。

（5）把安全帽带子系结实。

三、生产场所安全、环境保护要求

（一）一般要求

1. 生产场所应保持整洁，机器设备应经常擦拭，工器具应摆放整齐，原（燃）材料、成品或半成品的堆放必须安全可靠，不得妨碍操作和通行。

2. 生产场所的通道和走道应有足够的宽度，一般不得小于1m。有跌落危险的通道和走道必须设安全护栏和扶手。

3. 生产场所沟、坑、池的围栏、盖板和机器传动外露危险部位的安全防护装置等必须完好。行人和车辆通行的沟、坑、池的盖板必须牢固。

4. 生产场所不得有积水，应有排水和防止液体渗漏的设施，操作岗位应有防滑措施。

5. 生产场所应有防寒、防暑降温设施。

6. 生产场所的空间高度不得低于3.5m，突出结构件处于操作位置时，操作空间高度不得低于2.5m.。每一工作人员所占生产地容积应不小于15m^3。

7. 凡产生粉尘、毒物的生产场所，必须有防尘防毒的设施，其浓度应符合表7-1的要求。

表7-1-1　生产场所粉尘、毒物浓度要求

有害物	盐尘	石灰尘	煤尘	水泥尘	矽尘	其他粉尘	硫化氢	氨
容许浓度（mg/m^3）	≤10	≤10	≤10	≤5	≤2	≤10	≤10	≤30

8. 生产场所的噪声应符合表7-2的规定。

表7-1-2　生产场所噪声要求

序号	地点类别	特殊要求	噪声限制值（dB）
1	生产车间及作业场所（工人每天连续接触噪声8h）		≤90
2	高噪声车间设置的值班室、观察室、休息室（室内背景噪声级）	无电话通讯要求时	≤75
		有电话通讯要求时	≤70

9. 生产场所应配备足够的消防器材，并应专人管理。生产区域应设消防通道，通往厂房和库区的通道宽度不应小于3.5m，并具回车条件。

10. 可能受到洪水威胁的生产场所,应根据生产性质、规模及重要性确定防洪标准。

11. 生产场所应设置男女厕所、浴室、更(存)衣室等生产辅助设施,并确保完好、清洁。

(二)生产设施要求

1. 操作台应具备光线充足、通风良好、操作和维修方便等条件。

2. 操作台的高度和结构必须方便操作、监视,并且安全、舒适。控制仪表应灵敏可靠。

3. 通行平台宽度不应小于 0.7m,竖向净空不应小于 1.8m,并按 20Mpa 等效均布荷载设计。

4. 梯间平台宽度不应小于梯段宽度,行进方向的长度不应小于 0.85m,并按 35Mpa 等效均布荷载设计。

5. 防护围栏高度不得低于 1.05m,但不得超过 1.2m。

6. 防护围栏立柱间距不得大于 1m。

7. 室外防护围栏的挡板与平台间隙以 0.01m 为宜,室内不宜留间隙。

8. 固定式钢直梯宽度应为 0.5m,攀登高度 5m 以下时,可适当缩小,但不得小于 0.3m。

9. 固定式钢直梯攀登高度超过 2m 时应设护笼,护笼上端低于扶手 0.1m。

10. 固定式钢直梯上端踏棍应与平台或屋面平齐,并在直梯上端设置高度为 1.15m 的扶手。

11. 固定式钢直梯攀登高度不得超过 8m,否则必须设梯间平台,分段设梯,每 5m 设一梯间平台,平台应设安全防护围栏。

12. 固定式钢斜梯必须设扶手,扶手高度为 0.9m,立柱间距不得大于 1m。

13. 固定式钢斜梯宽度应为 0.7m,最大不得大于 1m,最小不得小于 0.6m。

14. 固定式钢斜梯最大均布荷载不得超过 35Mpa，并设防滑措施，斜梯与地面夹角不得大于 75°。

15. 固定式钢斜梯高度不得大于 5m，否则必须设梯间平台，分段设梯，每 5m 设一梯间平台，平台应设安全防护围栏。

16. 企业应根据生产实际情况选择相适应的照明器。一般宜选用额定电压为 220V 的照明器。对下列特殊情况应使用安全电压照明器。

（1）硐室采卤和有高温、导电灰尘和照明器离地面高度低于 1.5m 等场所的照明器，电源电压应不大于 36V。

（2）潮湿和易触及带电体场所的照明，电源电压不得大于 24V。

（3）在特别潮湿的场所、导电良好的地面、锅炉或金属容器内作业的照明，电源电压不得大于 12V。

复习与思考题：

1. 安全的概念是什么？
2. 安全色、安全标志有哪些？有什么意义？
3. 为什么要加强劳动保护？
4. 一般劳动防护要求是什么？
5. 针对采卤工的特殊劳动防护措施有哪些？
6. 生产场所的安全与环境保护要求有哪些？

第二部分　中　级

第一章　石盐矿床水溶开采

第一节　石盐矿床水溶开采的基本原理

水溶开采是研究盐类矿床中的盐类矿物(矿石)被溶剂(水)就地溶解,转变成流动状态的溶液(即卤水),并被输送到地表的一门实用科学,是介于地质、采矿、钻探、物理、化学和流体力学等学科之间的边缘科学,是在盐类矿床长期开采实践中形成和发展起来的。它的理论基础是相关学科的基本原理。研究盐类矿物(矿石)的溶解机理,阐述盐类矿床及工业特性,划分工业矿层(矿群)与非工业矿层(矿群),根据盐类矿床的开采技术条件选择水溶开采方法,布置开采工程,以及水溶开采矿山的建设与生产等,涉及地质学、水文地质学、地球物理、地球化学、钻探学、采矿学和流体力学等科学。因此,水溶开采虽属实用科学,但是与各相关学科的理论相关,且把这些理论作为本身发展的基础。

一、石盐矿床的溶解原理

岩盐主要由石盐矿物组成,具有易溶于水、溶解度高(在温度 40℃条件下,每 1000 毫升水中最多溶解氯化钠可达 363.7 克)、扩散性强(在氯化钾的扩散系数为 1 时,氯化钠的相对扩散为 0.833)、离子迁移率大(在强度为 1 伏 / 厘米的电场中,钠离子迁移率为 4.3 × 106 厘米 / 秒,氯离子迁移率为 6.5 × 106 厘米 / 秒)等特性,有利于水溶开采。

石盐的溶解作用主要在矿物表面进行。开始溶解速度很快,随着矿物表面附近溶液的钠离子和氯离子的增多,其溶解速度逐渐减慢。其次在接近和远离矿物表面的溶液中,由于带正电荷的钠离子和带负电荷的氯离子存在电位差,溶液之间又产生离子扩散运动,促使矿物继续溶解。另一方面,在石盐溶解作用的同时,垂直方向上伴随发生溶液重力分异作用,出现溶液浓度上低下高的分带现象。

上述溶解过程几种作用同时存在,直到整个溶液达到饱和。如果外部条件不断打破溶液的饱和状态,则岩盐矿物将会继续不停地溶解,直到整个盐矿被完全溶解为止。

石盐矿床的溶解机理涉及两个概念:溶解速度和溶解度。控制盐类矿物溶解过程的主要因素之一是矿物溶解速度。确定和计算盐类矿物的溶解速度时,又涉及到溶解度。当物理、化学条件发生变化时,又影响盐类矿物的溶解度和溶解速度,下面就这两个概念分别进行简单阐述。

二、盐矿物的溶解度

在一定温度下,将某一种盐矿物放在一个单位容积的水中溶解至饱和,即矿物的溶解速度与结晶速度相等,固相与液相呈现两相平衡时,饱和溶液溶解矿物的数量即为该温度下该盐矿物的溶解度。

(一)单盐

组成盐的单盐矿物均有较大的溶解度。不同单盐其溶解度大小有所不同,同一单盐的溶解度也随温度的变化而改变。如图 1-1-1 所示。

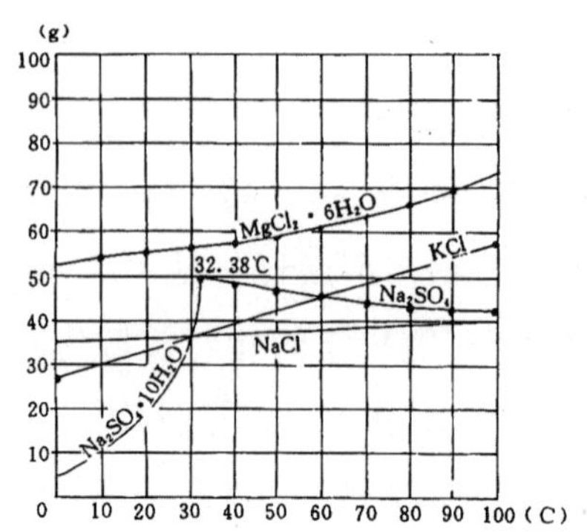

图 1-1-1 几种单盐在 100g 水中的溶解度曲线

1. 不同的盐类化合物其溶解度由大到小的顺序是氯化物＞硫酸盐＞碳酸盐＞硼酸盐。

2. 盐类矿物的溶解度随温度的升高而增大,也有个别盐类矿物的溶解度在一定范围内随温度的升高而降低。

3. 一般情况下,在压力升高时溶解度增大。如石盐在压力0MPa时,在水中溶解度为359.1g/L；压力25MPa时,在水中溶解度为362.28g/L。

(二)复盐

由于复盐矿物或矿石中有两种以上盐类矿物(共生),其溶解度遵循的规律为:溶液中出现与该盐类物质含有共同离子的另一盐类物质时,该盐类物质溶解度降低。

三、岩盐矿石的溶解速度

(一)岩盐矿石溶解速度的概念

岩盐矿石在单位面积和单位时间内被溶解的盐量称为溶解速度(单位:$kg/m^2 \cdot h$)。

(二)影响因素

1. 盐类矿物的水溶性

不同盐类矿物的水溶性不同,其溶解速度亦不相同。一般来说,溶解度大的盐类矿物属易溶盐,其溶解速度快,如石盐、钾石盐、芒硝盐等；溶解度小的盐类物质,属难溶盐或较难溶解的盐类矿物,其溶解速度慢,如钙芒硝等缓慢溶于水,石膏、硬石膏等难溶于水。

2. 溶剂的性质

水溶开采的主要溶剂是水。据相关资料,水经多变磁场磁化后,其溶解能力能增大约50%,所以可以靠注入井内水的磁化来提高溶剂的溶解能力。在这种情况下,溶解速度可提高25%~27%。但同时水经磁化后氧离子浓度增大,会导致井管和采集卤管道腐蚀加剧。

3. 添加辅助溶剂

在水中添加辅助溶剂也可以提高某些盐类矿物的溶解速度,例如在水中加入 3%~5% 的 NaOH 可提高天然碱的溶解速度和溶解浓度。

4. 溶解面的空间位置

在水溶开采过程中，溶液在溶洞中呈现垂直分带性，即下部溶液浓度高，上部溶液的浓度低，因此在溶洞不同方向的溶解速度是不同的。在一般情况下，上溶速度约为侧溶速度的 2 倍，底溶速度最低。因为溶洞底浓度高，而且盐类矿石表面覆盖了不溶物，阻碍了矿石溶解。（见图 1-1-2）

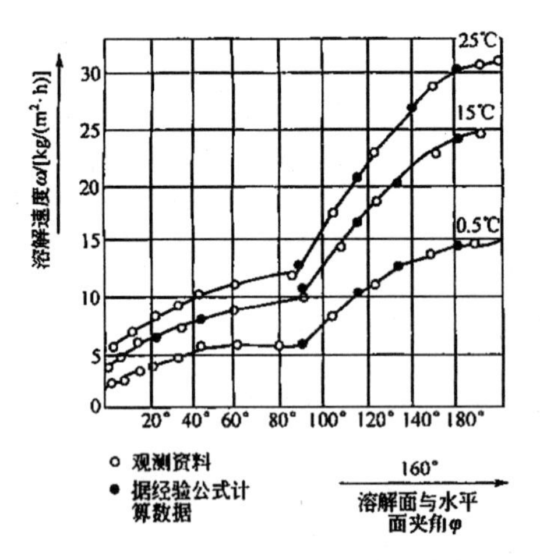

图 1-1-2 溶解面在空间位置与溶解速度的关系

（据 Π · A · 库列 · B · Φ · 柯罗莱夫）

5. 矿石品级

岩盐的溶解速度随着矿石中氯化钠含量的增加而增加。较纯的岩盐（矿石品位≥ 95%）与溶剂接触的溶蚀表面相对较大，因此一定时间内将会有更多的氯化钠分子转化到溶液中，使溶解速度增快。相反，在溶解低品位的岩盐矿石时，溶剂接触矿物的溶蚀表面相对较小，致使溶解速度减慢。

6. 注入井内溶解盐的水量及水流速度

淡水注入井内静溶，虽然也能溶解岩盐矿石，但物质的对流转化（即靠分子的扩散作用和粘性液体沿着溶解表面的运动）减弱，故溶解速度降低。但如增大注水量和流速，使注入井内淡水不断循环，则可加速溶质边界层与溶剂分界上的物质转化过程，从而促使岩盐矿石的溶解速度加快。

7. 溶液浓度

溶液的浓度大小对岩盐矿石的溶解速度影响甚大。随着卤水浓度的增加，溶解矿石的速度逐渐减小。当卤水浓度接近饱和时，其溶解速度则成倍地减小（见图 1-1-3）。

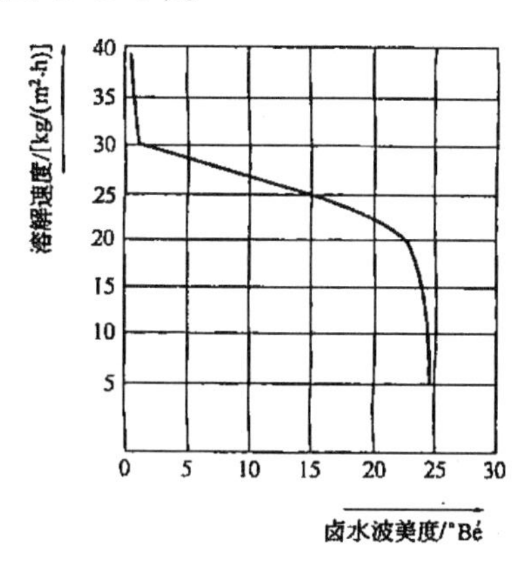

图 1-1-3　石盐溶解速度与波美度关系曲线

8. 温度和压力

温度和压力的变化，虽对岩盐的影响较小（见表 1-1-1），但相对来讲仍可使岩盐在水中的溶解速度发生增快或减慢的变化。因为温度增加使溶盐的物理化学反应增快，压力增加使溶剂在沿着溶质溶解表面的运动速度和溶腔中溶解物质时的转化速度增快。

表 1-1-1　石盐在不同温度下的溶解度

温度/℃	20	25	30	35	40	45	50
溶解速度/[kg/(m²·h)]	11.1	12.5	13.8	15.0	16.2	17.8	19.0

资料来源：盐矿开采基本知识．中国轻工业出版社，1978 年。

9. 其他因素

影响岩盐的溶解速度和溶液的饱和速度除上述因素外，还应考虑完井方式、溶腔的几何形态、水溶通道等因素。

第二节 水溶开采方法与工艺的选择

一、水溶开采方法的分类

水溶开采方法的分类在总结了以往分类经验的基础上，根据开拓方法的不同，可分为六大类。见表 1–2–1。前四种方法用于盐湖固相矿床水溶开采；后两种方法用于古代盐类矿床的水溶开采，其中硐室水溶法仅用于矿石品位低、水不溶残渣膨胀系统较大的盐类矿床。其中，钻井水溶法根据开采单元的不同，可分为单井水溶法和井组连通法。这两种方法用于开采处于相对密闭状态的盐类矿床。其注水溶盐与采集卤水在同一时间由同一系统完成。用钻井水溶法开采非密闭状态的盐类矿床时，其注水溶盐与采集卤水一般不是同一时间、同一系统进行，而是通常采用注水溶盐—提捞和抽汲采卤法。这种方法既可用于单井，也可用于连通的井组，是钻井水溶法中的一个独立分枝。

表 1–2–1 水溶开采方法的分类

大类	亚类	小类	方法	适用范围
矿层表层水溶开采法（矿层表面水溶开采法）				
井式水溶开采法（井式水溶法）				
沟渠式水溶开采法（沟渠式水溶法）				
井—渠组合式水溶开采法（井—渠水溶开采法）				
硐室水溶开采法（硐室水溶法）				

续表

大类	亚类	小类	方法	适用范围
钻井水溶开采法（钻井水溶法）	注水溶盐提涝和抽汲采卤法（提涝和抽汲采卤法）		注水溶盐—提涝采卤法（提涝采卤法）	非封闭性盐类矿藏的水溶开采，也用于地下卤水开采。
			注水溶盐—抽汲采卤法（抽汲采卤法）	
	简易对流水溶开采法（单井对流开采法）		简易对流水溶开采法（简易对流法）	适用于相对封闭状态的盐类矿床，其注水溶盐和采集卤水由同一系统构成。
			油垫对流水溶开采法（油垫对流法）	
			气垫对流水溶开采法（气垫对流法）	
	井组连通水溶开采法（井组连通法）	对流井溶蚀连通水溶开采法（对流井溶蚀连通法）	自然溶蚀连通水溶开采法（自然溶蚀连通法）	
			油垫建槽连通水溶开采法（油垫建槽连通法）	
			气垫建槽连通水溶开采法（气垫建槽连通法）	
		水力压裂连通水溶开采法（压裂连通法）	水力压裂连通水溶开采法（压裂连通法）	
		定向井连通水溶开采法（定向井连通法）	定向斜井连通水溶开采法（定向斜井连通法）	
			中小曲率半径水平井连通水溶开采法（中小半径水平井连通法）	
			径向水平井连通水溶开采法（径向水平井连通法）。此法还在研究中	

二、水溶开采方法与工艺的选择

水溶开采方法对水溶开采矿山生产的技术经济指标（如矿石采收率、卤水质量和产量、生产成本、劳动生产率等）都有重要影响。因此，水溶开采方法选择是否正确、合理，直接关系到水溶开采矿山的经济效益和社会效益，是矿山建设中一个十分重要的问题。

影响水溶开采方法选择的主要因素是矿床开采技术条件，其中主要有矿层厚度、矿石品位、埋藏深度、矿石和围岩的稳固性及构造裂隙等。

1. 矿石厚度

根据盐类矿床开采的特点，矿层厚度一般分为五类：极薄矿层＜0.5m，薄矿层0.5~2m，中厚矿层2~5m，厚矿层5~20m，巨厚矿层＞20m。选择方法见表1–2–2。

表1–2–2 矿层厚度对水溶开采方法选择的影响

矿层厚度	较适宜的水溶开采方法	备　注
巨厚矿层	油垫对流法	贫矿不适用
厚—中厚矿层	单井对流法或井组连通法	综合分析各项条件后，再具体选择方法
薄矿层	井组连通法	薄矿层开采需结合考虑矿层埋深和经济效益

2. 矿石品位

矿石品位高低是影响水溶开采方法选择的重要因素。以石盐矿床为例，根据矿石NaCl平均品位高低划分为三个等级：富矿（一级品）＞80%，中矿（二级品）50%~80%，贫矿（三级品）30%~50%。富矿和中矿可选择单井对流法和井组连通法；贫矿40%~50%，矿体埋深较浅时，可选用气垫对流法或气垫建槽连通法；30%~40%的贫矿，水不溶残渣多，膨胀系数大时，可选用硐室水溶法。

3. 矿体埋深

矿体埋深对水溶开采影响见表1–2–3所示。

表1–2–3 矿体埋深对水溶开采方法选择的影响

矿体埋深	较适宜的水溶采矿方法	备　注
矿体露出地表	沟渠式水溶法	适用于盐湖固相矿床开采
＜30m	井式、井渠式水溶法	适用于盐湖固相矿床开采
＜150m	气垫对流法、气垫对流建槽连通法	适用于开采矿石品位＞40%的贫矿
＜500m	硐室水溶法	适用于开采水不溶残渣多、膨胀系数大的贫矿
数十米~3000米	钻井水溶法	综合分析各项条件后，再具体选择方法

4. 矿石和围岩的稳固性

矿石和围岩不稳固，水溶开采溶洞直径很小，就会出现顶板垮塌，发生埋管和堵塞初始溶洞而无法继续开采的情况。矿石和围岩较稳固与极稳固，当矿石品位特低（$< 40\%$）时，适宜用硐室水溶开采法；当矿石品位较高时，可选用钻井水溶法，经综合分析各项条件后，再具体选择开采方法。

5. 成矿后构造对水溶开采方法的选择亦有影响

例如，矿区构造裂隙发育，特别是断裂发育时，不宜用压裂连通法。压裂连通法虽然是一项工艺成熟的先进水溶开采方法，但是压裂裂隙发育的主导方向是压裂连通部位难以掌握，而控制压裂连通方向微构造裂隙难以在勘查时查明，每个矿床都需经过生产性试验并获得成功后，才能谨慎地选用。

值得提出的是：先进水溶开采工艺与设备的引进，以及水溶开采技术的发展，都将在水溶开采矿山设计、基建和生产实践中，导致水溶开采方法发生变化。因此，对影响水溶开采方法选择的各种因素，我们都要进行充分地研究。而在具体进行水溶开采方法的选择时，尚需遵循下列原则：

（1）水溶开采方法先进，工艺成熟可靠，设备高效、节能、耐用。

（2）具有合理的开采强度，生产的卤水浓度高、产量大。

（3）有助于提高矿石采收率和充分、合理地开发利用盐类矿产资源。

（4）确保生产安全和环境效益。对水溶开采矿山来说，重点预防采区地面沉陷和冒卤，保护地面建筑物免遭破坏，保护生态环境免受污染。

（5）主要经济技术指标应留有一定的应变余地。

第三节　井身结构图的绘制

一、不同开采类型的井身结构

井身结构的概念在本书初级第一章中已做过阐述，此处不再重述。本节重点讲述井身结构图的绘制方法。要绘制井身结构图，必须了解盐井的完井方法。目前，采卤井一般采用裸眼井的完井方法。

1. 裸眼完井法

裸眼完井法指在钻开的生产层位不下入套管的方法，盐井的套管一般下到生产层位的顶部，裸眼完井法的最大特点是整个中心完全裸露。中心与井底没有任何障碍，所以水流入井筒的阻力小。但是，使用裸眼完井方法有一定的局限性。由于盐层完全裸露，对井壁来讲，没有保护装置，不能解决井壁坍塌和产层出砂的问题，不适用于疏松地层，并且当中心层间差异大时，不能实现分采、分注和分层改造。所以，它仅适用于岩层非常坚固，且无水等夹层的单一中心或中心性质相同的多中心井，见图 1–3–1。

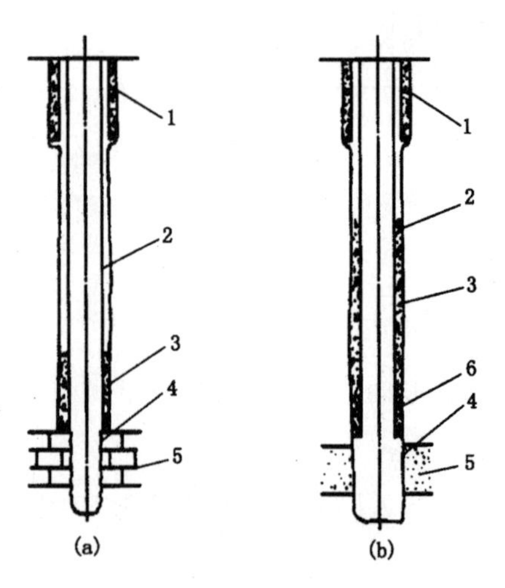

图 1–3–1　裸眼完井井身结构示意图

1. 表层套管；2. 技术套管；3. 水泥环；4. 裸眼；5. 盐层；6. 套管外封隔

2. 不同开采类型的井身结构

（1）简易对流井

简易对流井的技术套管下入开采层的盐类矿层顶部，经固井、钻开矿层并洗井后，还需下中心管柱，悬挂于井口装置上。（图 1–3–2）

（2）定向井连通井

定向井连通水溶开采由两口井为一个单元，朝目标井（直井）钻一口倾斜水平井，使两口井在开采层下部连通，形成初始溶腔通道，然后从一口井注入淡水，溶解矿层，生成卤水，再利用注水余压使卤水从另一口井返出地面。（图 1–3–3）

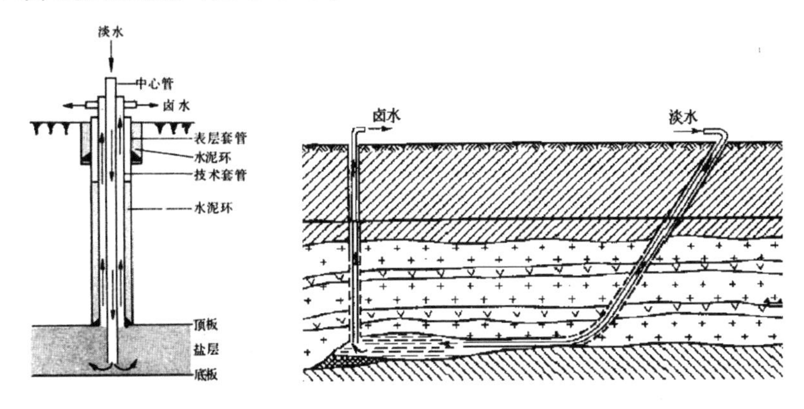

图 1–3–2　单井对流井身结构图　　　　图 1–3–3　定向井连通井身结构图

二、井身结构图的绘制（例：某井井身结构图见图 1–3–4）

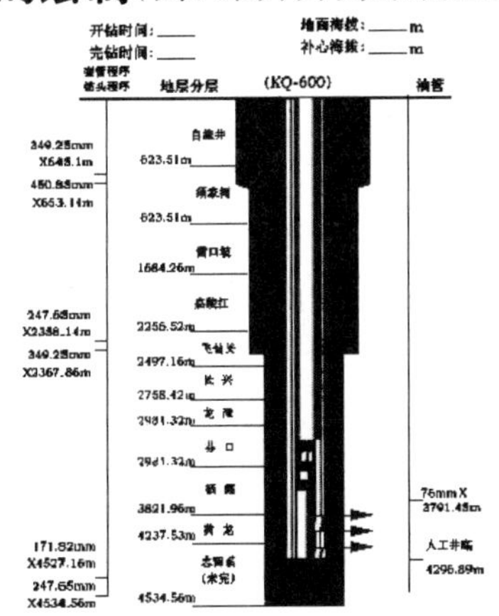

图 1–3–4　某井井身结构图

1. 操作步骤

（1）选择纵横坐标，并确定方位。

（2）根据现场井身结构，在图纸上按比例绘出各点。

（3）按实际管线直径大小，分别用宽度不同的粗实线绘制。

（4）对所画示意图进行检查，确认无误后，再进行描深加粗。

（5）标出表层套管、技术套管、水泥环、裸眼、盐层等结构位置。

（6）绘制完毕后，在图的右下角的绘图标题栏中注明图纸号、图纸名称、比例、绘图人、审核人、绘图日期等等。

2. 技术要求

（1）在绘制井身结构图时，首先要选好坐标和方位，以便准确按比例进行布局。

（2）要根据现场井身结构，在图纸上合理布置结构图各点的位置。

（3）表层套管、技术套管、中心套管、水泥环、裸眼、盐层要正确标注。

（4）结构图的图幅大小布局要合理，比例要合适，示意图要符合绘图规范要求。

（5）线条要清晰，在两条连线相互交叉时，应遵循“竖线断，横线不断”的原则。

（6）结构图上所标注的符号、单位、规格型号等要符合有关技术规范，准确无误。

第四节　开采工艺流程图的绘制

工艺流程的绘制需具备一定的机械识图与机械制图知识。本书重点介绍如何绘制工艺流程图的方法和步骤。

一、采输卤工艺流程图的分类

1. 按专业分类

（1）采卤工艺流程图。

（2）输卤工艺流程图。

（3）动力设备工艺流程图。

2. 按类别分类

（1）井身结构图。

（2）采输卤工艺装置结构图，包括动力设备、电气仪器、井口装置、动力管道等。

（3）采输工艺、设备、设施平面示意图。

3. 按图形的表达方法分类

（1）基本图：包括文字部分、平面图、系统图、布置图等。

（2）详图：包括节点图、标准图和大样图等。

二、采输卤工艺流程图的组成

1. 图纸目录

将众多的采输卤工艺流程图按一定的图名和顺序归纳编制成图纸目录以便查阅。通过图纸目录可以知道单位、地点、编号及图纸内容等。

2. 图例标示

图例标示是对工艺流程图中各类设备、设施名称按照规定或以适当的标示方法说明图中各类符号所代表的具体设备、设施的内容。

3. 说明

凡在图样上无法表示而又必须让技术人员和操作人员知道的要求或其他必须特殊说明的，一般都用文字的形式加以表达。

4. 设备表

在设备表中列出设备的工序位置号（或编号）、名称、型号、规格、技术参数及需要说明的问题。

5. 流程参数表

主要说明采输卤工艺流程中所涉及的管子、管件、阀门以及各种附件的名称、规格、型号、长度和工艺流程中同类设备设施的变化情况等，采用例表的形式加以详细说明。

三、工艺流程图画法

1. 管线的画法

（1）主要工艺管线用粗实线表示，次要的或辅助管线用细实线表示。

（2）每条管线要注明流体代号、管径流向及标高。

（3）图中只有一种管线时，其代号可不注；同一图上某一条管线占绝大多数时，其代号也可省略不注，但要在空白处加以说明。

（4）管线的起点处要注明流体的来龙去脉。同时应避免图样上管线与管线、管线与设备间发生重叠。

（5）若管线在图上发生交叉而实际上并不相碰时，应使其中一条线断开，采用“横断竖不断、主线不断”的原则。

2. 阀门的画法

管线上主要阀门及其他重要附件要用细实线按规定图例在相应处画出。同类阀门或附件的大小要一致，排列要整齐，还要进行编号，并应附有阀门规格表。

3. 设备画法

（1）各种设备用细实线按规定图例画出，大小要相应，间距要适当。

（2）对于一张图上画有较多设备时，要进行编号，编号用细实线引出，注在设备图形之外。

（3）对于比较简单的工艺流程图上的设备，则通常省略编号而将设备名称直接注在设备图形之内。

除上述几项要求外，对图中所采用的符号必须在图例中说明清楚。另外，通常一张完整的工艺流程图还应附有流程说明、标题栏和设备表等。

四、工艺流程图绘制

1. 操作步骤

（1）根据工艺流程的多少和复杂程度选择图纸幅面的大小。

①图纸幅面见表 1-4-1。

表 1-4-1　图幅代号

幅面代号	A0	A1	A2	A3	A4	A5
B × L	841 × 1189	594 × 841	420 × 594	297 × 420	210 × 297	148 × 210
a	25					
c	10			5		
e	20		10			

②图框格式及标题栏方位如图 1-4-1 所示。必要时,幅面可以沿边长加长,对于 A0、A2、A4 幅面的加长量应按 A0 幅面长边的 1/8 倍数增加,对于 A1、A3 幅面的加长量应按 A0 幅面短边的 1/4 倍数增加。

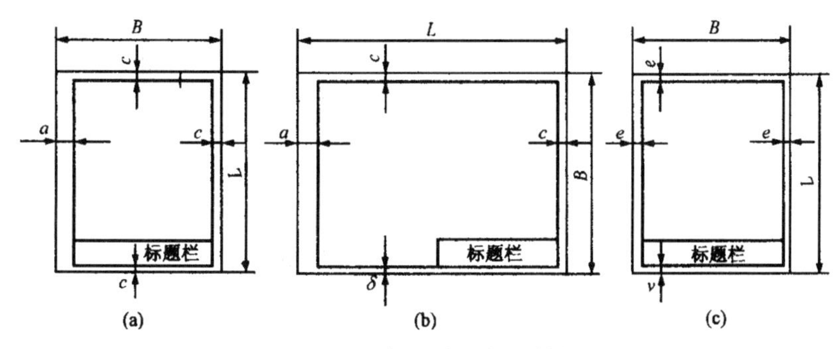

图 1-4-1　图框格式及标题栏方位

(2)根据本岗标准视板的尺寸切割好图纸。

(3)把切好的图纸固定在绘图板上。

(4)用“丁”字尺、铅笔画出边框,到图纸各边 15mm 为准。

(5)在图纸上边留出 100mm 的流程名称标题栏。

(6)在图纸的下边留出 100mm 的流程的管线编号、名称标注栏。

(7)在图纸上用铅笔大致按比例布局各种设备在图中的位置。

(8)按表示符号在图纸上画出设备图样。

(9)用实线画出管线走向,并与各设备连接成工艺流程图。

(10)在管线的适当位置上画出管件图,如阀门、过滤缸、计量仪表等。

(11)检查铅笔绘制的基本底图布局是否合理,是否符合工艺实际管线，交叉是否有错。

（12）检查无误后用绘图笔抽碳素水进行描图。要选择好绘图笔的粗细以便与设备管线的主次相符合。

（13）用细绘图笔在管线上规范画出走向，在设备上填写名称、编号。图线的形式和用途见表 1–4–2 所示。

表 1–4–2 图 线

图线名称	图线形式	图线宽度	主要用途举例
粗实线	b	b（约 0.4mm~1.2mm）	可见轮廓线
虚线	2~6 ≈1	$\frac{b}{2}$左右	不可见轮廓线
细实线		$\frac{b}{3}$或更细	尺寸线、尺寸界线、剖面线、引出线
点划线	15~30 ≈3	$\frac{b}{3}$或更细	轴心线、对称中心线
双点划线	15~20 ≈5	$\frac{b}{3}$或更细	假想轮廓线、中断线
波浪线		$\frac{b}{3}$或更细（自由绘制）	断裂处边界线

（14）画好管线标注栏，用细绘图笔采用切割法对管线进行排序编号。

（15）依据管线编号在标注栏内填写管线名称，必要时填写出管径和标高。

（16）清理图样，用橡皮擦去底图中铅笔部分和图面上不清洁的地方，用毛刷刷净图面上的杂物。

（17）在图纸上边的标题栏内对称贴好“× × × 工艺流程”字样。

2. 注意事项

（1）因为岗位流程图不需按标准比例绘画，因此在绘图时应注意各设备的轮廓、大小、相对位置应尽量做到与现场相对应。

（2）设备和主要管线用粗实线，次要或辅助管线用细实线。

（3）每条管线都要标明编号、管径及流向。

（4）图样上避免管线与管线、管线与设备之间发生重叠，管线布置要均匀对称。

（5）在图上管线发生交叉而实际并不相碰时，一般采用“横断竖不断、主线不断”的原则。

（6）图上管线上的主要阀门及重要附件要用细实线画出。相同阀门或附件大小在图上应一致，排列整齐。

（7）在图上有多台相同设备时要进行编号。

（8）图上所采用的符号必须在图例中说明。

（9）工艺流程图画完后要布局合理，设备大小分明，管线排列均匀。

（10）图上汉字必须用长仿宋体，数字用阿拉伯数字表示，图样说明清楚，标注栏详细正确。

复习与思考题：

1. 石盐矿床开采的基本原理是什么？
2. 溶解速度、溶解度与石盐矿床开发有什么联系？
3. 简述水溶开采法的分类？
4. 水溶开采工艺的选择与哪些因素有关？
5. 水溶开采方法的选择需遵循哪些原则？
6. 井身结构图的绘制要求和方法是什么？
7. 绘制工艺流程图的步骤是什么？

第二章　石盐矿床水溶采卤操作

第一节　对流井正、反循环操作

一、简易对流井正、反循环操作

简易对流井生产期作业方式是以反循环为主，正、反循环交替进行。正、反循环交替，可以溶去管壁上的石膏和其他盐类结晶，防止结晶堵管。

1. 正循环倒反循环操作步骤（实例）

（1）操作准备

①判断倒流程前卤水井流程状态。本节指的是由正循环状态的流程倒为反循环流程，即由中心管注水、套管采卤改为套管注水、中心管采卤。

②仪表要齐全好用。

（2）正式操作

①关闭注水和采卤阀门，先用手顺时针旋转手轮至关不动时，再用管钳卡在手轮内的适当位置用力打紧，确认关严。

②观察流量计读数，是否为零，确认关严。

③调整注水管线和采卤管线阀门，使流程处于反循环状态。打开注水阀门，控制注水流量，同时缓慢打开采卤阀门，注意出卤压力波动不能超出总出卤干线压力 ±0.2Mpa。

④ 30 分钟后，缓慢提高注水流量，缓慢打开采卤阀门，控制流量。

（如发现注水流量降为零，说明有堵井现象，应停止本次倒流程操作，改为之前生产流程。）

⑤控制阀门，将采卤量和注水量调整到生产要求的流量。

⑥倒流程正常后，记录好井号、倒流程时的时间、注采压力、瞬时水量等资料，按要求及时取样并及时分析。

⑦收拾工用具，清理现场。

3. 注意事项

（1）开来水阀时要侧身，初期（未打开前）一定要慢慢开。

（2）在整个倒流程操作中，阀门开启要缓慢，流量变化不能过大，尤其是采卤阀门必须逐渐放大，同时要密切关注注水管和采卤管在倒流程中的压力变化。

（3）在整个操作过程中，应随时观察注水和采卤的流量变化，及时判断异常情况并及时处理。

二、油垫对流井正、反循环操作

油垫对流井上溶生产期多采用分梯段提升井管法，正常生产用反循环作业。当中心管发生盐类结晶堵管时，方用正循环解堵。其倒流程操作同简易对流井，只是注意正常注水量应控制在 50~70m^3/h，出卤量控制在 43~60m^3/h。

第二节　连通井组倒井操作

本节主要介绍定向斜井连通水溶开采法生产作业井组的倒井操作。定向斜井连通水溶开采法是以 2 口井为一个开采单元，朝目标井（直井）钻一口倾斜水平井，使两井在开采矿层下部连通，形成初始溶解硐室，然后从另一口井注入淡水，溶解矿层，生成卤水，再利用注水余压使卤水从另一口井返出地面的开采方法。正常生产作业，采用正注（直井注水、斜井出卤）反注（斜井注水，直井出卤）交替开采作业，有利于增加采收率，保持连通井两端溶腔、水平通道的平衡以及防止结盐堵管。

连通井组的倒井（正注倒反注）操作（实例）

1. 倒井前准备

（1）倒井前检查确保管线、法兰、闸阀等连接部位应不渗不漏，发现问题及时排除。

（2）检查确保要倒井组井口法兰、闸阀等连接部位应不渗不漏，阀门开关灵活。

（3）检查配水间倒井的闸阀（见图 2-2-1）是否能够关紧。如出现关不紧现象时，应及时修理或更换。

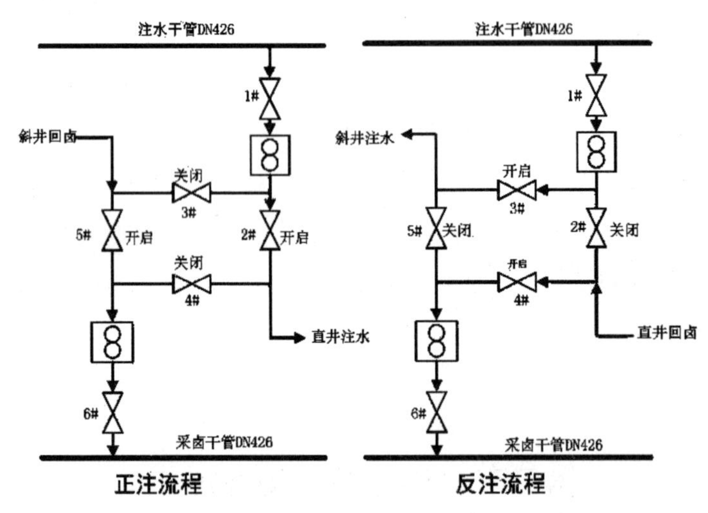

图 2-2-1 江苏油田采输卤管理处首站连通井组配水间流程示意图

（4）检查确保压力表和流量计应完好、灵敏可靠，发现问题及时修理或更换。

（5）准备好取样用的样瓶，样瓶必须清洗干净，瓶内无杂质。样瓶应有盖，可密封。

（6）取样瓶上应有取样标签，写明取样井号、取样地点、日期、时间、取样人、工作内容。

（7）准备好报话机及时与站内总控（调度）联系。

2. 倒井操作

（1）先关闭注水井阀门（图中的2#），然后关闭采卤井阀门（图中5#）。

（2）关闭阀门时，应缓慢关闭闸门，注意观察压力表和流量计的变化情况。

（3）倒换阀门，将采卤井改为注水井。

（4）打开注水井的注水阀门（图中3#），控制注水流量在40m^3/h，同时缓慢打开准备采卤阀门（图中4#），控制流量小于40m^3/h，注意出卤压力波动不能超出总出卤干线压力 ±0.2Mpa。

（5）30分钟后，控制注水流量在60m^3/h，出卤压力波动不能超出总出卤干线压力 ±0.2Mpa时，缓慢打开采卤阀门，控制流量小于60m^3/h。

（6）30分钟后，控制注水流量在70m^3/h，出卤压力波动不能超出总出卤干线压力 ±0.2Mpa，缓慢打开采卤阀门，控制流量小于80m^3/h。

（7）缓慢打开采卤阀门直至全部开启。整个开启过程中，控制流量小于80m^3/h，待注水和采卤系统达到平衡后，将采卤量和注水量调整到生产要求的流量。

（8）倒井正常后，10分钟内必须及时取样并及时分析，要求24小时内每4小时取样一次。

3. 注意事项：

（1）检查压力表和流量计是否已关闭好上下流闸门（图中1#、6#），看流量计是否落零。放压后，检查压力表是否落零。

（2）整个倒流程过程中，如果发现注水流量降为10m^3/h或采卤流量为0，开启注水或采卤阀门流量无变化，则应立即停止本次倒井，改为倒井前生产流程。

（3）在整个操作过程中，应随时观察注水和采卤的流量变化，及时判断异常情况并及时处理。

（4）在整个倒井过程中，阀门开启要缓慢，流量变化不能超过 $20m^3/h$，尤其是采卤阀门必须逐渐放大。

第三节　除井管沙堵操作

一、冲沙的概念

1. 冲沙：就是向井内高速注入液体，靠水力作用将井底沉沙冲散悬浮，并借助高速上返的液流将冲散的沙子带到地面的施工方法。

2. 冲沙液：进行冲沙时所采用的液体。

3. 正冲沙：就是冲沙液沿冲沙管内径向下流动，在流出冲沙管口时以较高流速冲击沙堵，使冲散的沙子与冲沙液混合后一起沿冲沙管与套管环形空间返至地面的冲沙方式。

4. 反冲沙：就是冲沙液由套管与冲沙管的环形空间进入，冲击沉沙，使冲散的沙子与冲沙液混合后沿冲沙管内径上返至地面的冲沙方式。

5. 正反冲沙：就是采用正冲的方式冲散沙堵，并使其呈悬浮状态，然后改用反冲洗，将沙子带到地面的冲沙方式。

6. 冲管冲沙：就是采用小直径的管子下入油管中进行冲沙以清除沙堵的冲沙方式。

7. 气化液冲沙：当地层压力低或对有漏失的井进行冲沙时，常规冲沙液无法将冲散的沙子循环到地面，因而采用泵出的冲沙液和压风机压出的气混合而成的混合液进行施工的冲沙方式。

8. 大排量联泵冲沙：在油层压力低或漏失严重的井进行冲沙施工时，将两台以上的泵联用进行施工的冲沙方式。

二、冲沙操作(实例)

冲沙操作方法是作业队常用的洗井方法，利用冲洗液将单井井筒内的泥沙冲洗返回地面。

1. 冲沙准备

（1）按标准编写施工设计，并对施工人员进行技术交底。

（2）选好冲沙操作所需要的工具、用具和设备，并检查所用工具、用具和设备的技术性能。

（3）测量冲沙工具，并绘制草图。

（4）按照施工设计要求备足冲沙所用的冲沙液。

（5）准备好进、出液罐及沉沙池。

（6）连接好地面管线，并固定牢固。

（7）检查好提升系统，保证冲沙过程中提升系统能正常工作。

2. 冲沙施工（常规冲沙操作方法）

（1）将冲沙笔尖接在下井第一根油管底部，下入井内。下油管 5 根后，在井口装好自封封井器。

（2）继续下油管至距预计沙面以上 30m 时，缓慢加深油管探沙面，核实沙面深度。

（3）将单流阀连接在井口油管上。

（4）将冲沙弯头及水龙带连接在欲下井油管第一根上，并吊起与井内油管连接好。

（5）接好冲沙施工管线后，循环洗井，观察水泥车压力表及排量的变化情况。返出正常后缓慢加深管柱，同时用水泥车向井内泵入冲沙液。如有进尺则以 0.5m/min 的速度缓慢均匀加深管柱。

（6）当一根油管冲完后，为了防止在接单根时沙子下沉造成卡管柱，要循环洗井 15min 以上，同时把活接头用管钳上在欲下井的油管单根上。水泥车停泵后，接好单根，开泵继续循环加深冲沙。

（7）按上述要求重复接单根冲沙，连续加深 5 根油管后，必须循环洗井 1 周以上再继续冲沙直到人工井底或设计冲沙深度。

（8）冲沙至人工井底或设计要求深度后，要充分循环洗井。当出口含沙量小于 0.2% 时，起冲沙管柱，结束冲沙作业。

（9）严重漏失井冲沙作业，可采用低密度泡沫修井液或气化水冲沙。

3. 注意事项

（1）本节所有操作内容为专业作业队操作，采卤工只需了解冲沙过程。

第四节　除井管盐堵操作

正、反循环交替生产或反冲洗井操作对冲洗井管盐堵有较好的效果。正、反循环操作本章第一、二节已详细介绍，本节不再重述。在轻微沙堵和井口结盐造成产量下降时，还可采用反冲洗井操作。

反冲洗井(实例)

1. 操作步骤

（1）正常生产时，当采卤井流量自然下降，低于规定值时（一般为 $20m^3/h$~$30m^3/h$），可以实施冲井，由班长组织采卤工携带工具、用具到配水间。

（2）检查流程及阀门装置，仪表应齐全好用。

（3）关闭井组注水井和采卤井阀门，如图 2–2–1 中的 2 #、5 #（或 3 #、4 #）阀门，处于关井状态。

（4）正注流程，打 3 # 阀门（反注流程，打开 2 # 阀门）对采卤井注水，时刻观察注水流量。根据井筒深度，计算并控制注水量及注水时间，直至注水量下降为 $10m^3/h$ 以下。

（5）关闭 3 #（或 2 #）注水阀门，打开 5 #（或 4#）采卤阀门，流量控制在 $40m^3/h$ 以下，进行卸压采卤。

（6）卸压 20 分钟后缓慢打开 2 #（或 3 #）注水阀门，控制注水流

量小于 $20m^3/h$。

（7）控制注水量小于 $40m^3/h$，逐步增加采卤量加大到 $60\sim80m^3/h$，缓慢放开采卤阀门直至全开。待注、采系统平衡后，调整注水量至所需产量。

（8）按需要进行加密取样，收拾工具并清理现场。

3. 注意事项

（1）在冲井时注意控制流量。打开采卤井采卤阀门时，流量必须控制在 $40m^3/h$ 以下，避免大压力和大流量造成井堵。

（2）整个操作过程特别是开阀门时一定要平稳、缓慢。

复习与思考题：

1. 简述简易对流井正、反循环的操作步骤。
2. 简述连通井组倒井操作步骤及注意事项。
3. 正反冲沙概念？
4. 常规冲沙操作方法？
5. 反冲洗井操作步骤是什么？

第三章 地下卤水抽汲采卤操作

第一节 抽油机采卤

一、除井管盐堵操作(实例)

抽油机井见图 3-1-1,其油管内壁和抽油杆的结盐与结垢会严重影响设备的正常工作。抽油机井通常采用热洗和化学药剂清洗除盐。本节主要介绍抽油机井洗井操作知识。

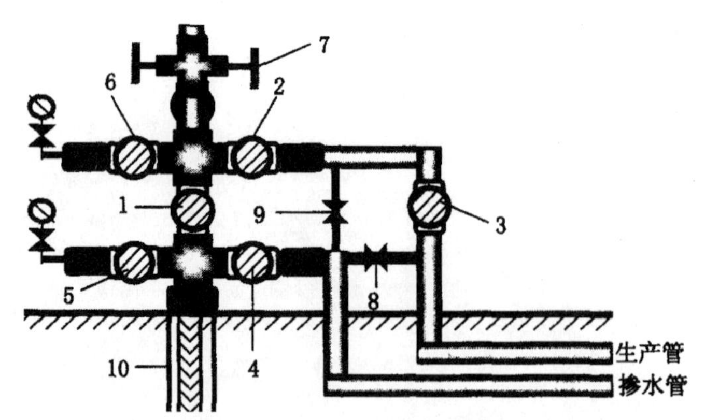

图 3-1-1 抽油机井井口生产装置(双管掺水)示意图
1. 生产总阀;2. 生产一次阀;3. 回压阀;4. 洗井阀;5. 套管测试阀;
6. 卤水压阀;7. 封井器;8. 直通阀;9. 掺水阀;10. 井下

1. 操作步骤

(1)携带好工具、用具来到指定抽油机井井场,检查井口流程,记录压力,测量抽油机上下冲程的工作电流,并记录好。

(2)倒流程。

①先打开高低压直通阀(生产现场叫“先通地面”),目的是使地面双管畅通,到约定时间(即站洗井压力传过来时),打通地面循环,并确认可以(时间由井间距离、洗井周期而定)后倒洗井流程。

②关井口掺水阀,打开套管洗井阀。在开大后,缓慢一点关高低压直通阀,井口套压不一会儿就会上升,并稳定在一个值上(井口洗井压力)。在确认不憋压后,关严直通阀。

③观察套压变化,用手不断摸总阀体或生产一次阀门,用耳朵听声音,判断是否已洗通。

(3)调整洗井参数:在确认洗井畅通后,根据本区块洗井制度及质量标准来控制调整排量(压力)和洗井时间(特殊应加长洗井时间)。

(4)在洗井结束时间要到时,测抽油机上下冲程电流,初步判断洗井质量(此时上行电流比洗前降低,下行电流略有上升,即洗后上下行电流差值较小),否则就要延长洗井时间。

(5)与站联系停泵,倒回正常生产流程,在确认站上停泵后先关套管洗井阀门,再开掺水阀门。

(6)在确认倒回流程无误后,录取套压值,此时套压接近于0MPa,卤水压力有明显的上升现象,说明洗井质量很好。

(7)收拾好工具,清理现场,带洗井资料回计量间。

2. 注意事项

(1)洗井操作时,人不要走开,有问题要及时汇报处理。

(2)倒流程前先观察套压是否较高,如较高需要进行泄压。

(3)开始改进井底时,流量不宜过大,以防止管道内结的盐突然一起脱落而堵死通路。

(4)洗不通井时上提活塞出泵筒,停机洗井。

二、解卡操作(实例)

更换光杆密封圈(俗称盘根)是井矿盐采卤工经常性的工作。光杆密封圈是密封光杆运动时密封盒与生产井连通的动密封件。密封件磨损后，卤水从密封盒处冒出来，结晶容易卡光杆。通过本节的学习，使操作者能够正确进行更换（填加）光杆密封圈操作。

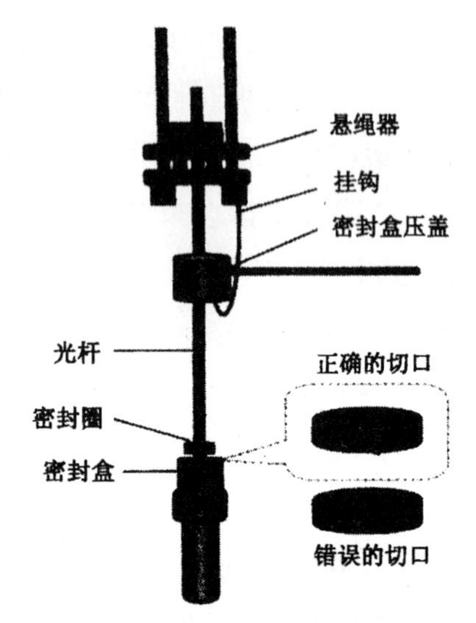

图 3–1–2 抽油机井加密封圈示意图

1. 操作步骤

（1）切密封圈呈 30°~40°角，切口要顺时针的方向，不能逆时针的方向，因为密封圈加入密封盒后法兰上面的压盖螺纹方向都是顺时针转动。为了使上密封圈时压紧，所以要求密封圈的切口要顺螺纹的方向，如图 3–1–2 所示。

（2）按停止按钮让驴头停在接近下死点 30~40cm 处，刹紧车，拉下空气开关断电。

（3）关闭胶皮闸门，使光杆位于密封盒中心位置。如果偏斜的光杆应用胶皮闸门找正，两侧的丝杠能起到调整的作用。因胶皮闸门芯有一半圆的槽可以控制光杆在两个闸门芯中间，只要调整好就能在密封盒的中心位置。

（4）卸掉密封盒上压盖，取出法兰，用挂钩吊在悬绳器上。

（5）取出旧密封圈。密封圈一定要取净，旧密封圈看起来还比较完整，但中心部分已经磨损，即与光杆真正起到密封作用的部分已经磨损，所以必须取干净，不然的话加新密封圈的数量就少，使用的时间也短。

（6）把锯好的密封圈涂上少许黄油加入密封盒内。加新密封圈时，每个密封圈的切口一定要错开 120°~180°。这样就使第一个密封圈磨损从切口漏出的卤水被第二道密封圈挡住。如果是切口在同一位置的话，第一个密封圈漏卤水，那么所有密封圈的切口处都是连通的，卤水就漏出来了，失去了加密封圈的作用。所以要求密封圈的切口错开

120°~180°。

（7）上好压盖，松紧适当。松紧度应是在光杆运行不发热情况下，松开2圈不漏气，松开3圈不漏卤水，在光杆上行时带少许卤水花，即松紧合适。

（8）开胶皮闸门。开胶皮闸门时一定要开到最大，不开大会使光杆磨损闸门芯的胶皮。如果磨损严重的话，就会使胶皮闸门关不严，下次开关胶皮闸门加密封圈就会漏卤水，使加密封圈工作增加困难，还会造成更换胶皮闸门芯的工作量。

（9）松刹车，合空气开关送电，启动抽油机。

（10）检查光杆密封圈是否有发热、漏卤水现象，并调整密封盒压盖松紧度。

（11）把有关资料数据填入报表。

2. 注意事项

（1）合上、拉下空气开关启停抽油机时都要戴绝缘手套进行操作。

（2）手试光杆是否发热时，一定要小心，注意安全，只有在光杆上行时才能用手背去触摸。

（3）填加密封圈时不能用工具去砸密封圈，防止损伤密封盒螺纹。

（4）水套炉加温的卤水井应注意炉火的调整。

第二节　潜卤泵采卤

一、除沙操作

使用潜卤泵采卤时，由于卤水层吐沙严重，将整个机组机泵以下的工艺尾管沙卡、沙埋，或出沙上返而将机泵沙埋，造成整个工艺管柱遇卡，不能正常起管柱、换泵等。

1. 除井管沙堵操作（实例）

（1）压井。

因潜卤泵故障处理时间一般较长，而管柱的泄卤阀深度距卤水层中部较远，即压井深度不够，因此为安全起见，一般在选择压井液密度时，相对增大附加量。压井时，应用循环法压井，严格限制挤注法压井。

（2）安装作业井口。

（3）试提：

①松开顶丝后直接用提升短节对扣试提原井管柱。

②试提时，最高负荷不超过中心管允许提拉负荷，不得将中心管柱在试提时拔脱扣而使电缆在不必要断脱处断脱。

（4）测卡点。

（5）卡点以上管柱与电缆处理：

①聚能切割弹爆炸切割卡点以上管柱。

②机械内割刀割取卡点以上管柱。

③倒扣取出卡点以上管柱。

（6）卡阻点井段的处理：

①冲沙，打捞残余电缆。

②打捞处理机泵组卡阻点以上部分下井工具、中心管及残余电缆。

③打捞落实核定鱼顶状况和套损状况。

（7）机泵组卡阻处理：

①冲沙。卡阻点以上管柱和电缆处理打捞干净后，大排量正循环冲沙，必要时用长套铣筒套铣冲沙，使卡阻点以上沉沙冲洗干净。

②打捞处理机泵组以上下井工具、中心管。应注意在机泵组以上留1~2件下井工具或中心管短节，为下步打捞震击留有抓捞部位。

③打捞机泵组。

④大力活动、震击解卡。下入打捞、震击组合管柱捞取机泵组后，先大力向上提拉活动管柱。不能解卡时，可向上震击或向下震击解卡。

（8）通井：通井至人工井底或设计要求深度。

（9）完井：按设计要求下入完井管柱交井。

2. 注意事项

上述除沙堵操作需专业作业人员操作,采卤工需了解整个除井管沙堵操作步骤。

三、除井管盐堵操作

由于潜卤泵处在盐井结盐点以下深度位置,这些集结析出的盐结晶长时间集聚变成较硬实的盐块而卡机泵组。处理方法通常有反冲洗井、化学除垢等。反冲洗井,前节已讲,本节重点讲述化学除盐(垢)法。

1. 化学除垢知识

除垢的方法通常有三种,第一种是对水溶性或酸溶性水垢,可直接用淡水或酸液进行处理。第二种是以垢转化剂处理,将垢转变成可溶于酸的物质,然后再以无机酸,如 HCl 处理之。第三种是用除垢剂直接将垢转化成水溶性物质予以清除。

(1)水溶性水垢

最普通的水溶性水垢是氯化钠,用比较淡的水就能使它易于溶解,如前章所述正、反循环法,反冲法等。不应利用酸来清除氯化钠水垢。如果石膏水垢是新形成的和多孔的,则可用含有 55g/L 的氯化钠的水进行循环,使石膏水垢溶解。在 38℃时,55g/L 的氯化钠能溶解石膏的数量为淡水的三倍。

(2)酸溶性水垢

所有水垢中以碳酸钙($CaCO_3$)居多,它为酸溶性。盐酸或醋酸可用来清除碳酸钙水垢,甲酸和氨基磺酸也已被使用。

(3)不溶于酸的水垢

唯一的不溶于酸的水垢(它在化学上是可反应的)是硫酸钙。硫酸钙虽然在酸中不反应,但可以先用化学溶液垢转化剂处理,将硫酸钙转变为一种溶于酸的化合物,通常是 $CaCO_3$ 或 $Ca(OH)_2$,然后再用酸清除。

复习与思考题：

1. 抽油机井常用除盐方法有哪些?
2. 抽油机井洗井操作步骤和注意事项是什么?
3. 更换光杆密封圈操作步骤?
4. 切密封圈时应呈多少度?
5. 更换光杆密封圈的注意事项是什么?
6. 处理盐结垢常用的化学方法有哪些?
7. 简述潜卤泵采卤除沙的操作步骤。

第四章　维修常用工、器具的维护

一、常用工、器具的维护

1. 液压千斤顶常见故障的预防

（1）基础要稳固可靠，顶头与光滑面接触时要垫木板防滑。

（2）载荷要与千斤顶轴线一致，操作过程中严防千斤顶歪斜或倾倒。

（3）卸载时，回油阀打开不能太大，以防下降速度过快发生危险，同时操作人员必须离开工件底部以避免压伤。

2. 液压千斤顶的维护

（1）液压千斤顶要使用专用液压油，严禁超载荷使用。

（2）多台千斤顶联合使用时，起落要平稳同步。

（3）顶升高度不得超过千斤顶的有效顶程。

（4）液压千斤顶只能直立使用，不能侧置或倒置。

3. 钢锯的常见故障及原因

（1）锯条崩断。其原因是锯条过紧或过松；锯缝歪斜；工件松动或抖动；操作中，锯条压力大或左右摆动大。

（2）断齿。其原因是锯割时，锯条与工件的角度过大或用力过猛。

4. 钢锯的维护

（1）装锯条时锯齿要朝前，不能装反。

（2）在锯割过程中，锯缝要保持正而直。

（3）操作中锯条压力要适当，左右摆动幅度要小。

（4）锯割的往复速度以 30~40 次 / 分钟为宜，锯条往复工作长度一般不小于锯条长度的2/3,用力要均匀。

(5)起锯时锯条与工件的角度以15°左右为宜。

5. 液压拔缸器的使用与维护

(1)按阀座规格选用相应尺寸的拉马。

(2)拉马插入阀座后,方可顺时针方向旋转拉杆。

(3)机件拉出后,要及时打开卸载螺钉。

(4)使用液压拔缸器更换阀座过程中,严禁开泵。

二、常用电工工具的维护

1. 钢丝钳的维护

钢丝钳主要用于夹持或切断金属导线,带刃口的钢丝钳还可以用来切断钢丝。这种钳的规格有150mm、175mm、200mm三种,均带有橡胶绝缘套管,可适用于500伏以下的带电作业。使用时,应注意保护绝缘套管,以免划伤失去绝缘作用。注意不可将钢丝钳当锤使用,以免刃口错位、转动轴失圆,影响正常使用。

2. 尖嘴钳的维护与使用

用于夹捏工件或导线,特别适宜于狭小的工作区域。规格有130mm、160mm、180mm三种。电工用的带有绝缘导管。有的带有刃口,可以剪切细小零件。

3. 螺丝刀的使用与维护

由刀头和柄组成。刀头形状有“一”字形和“十”字形两种,分别用于旋动头部为横槽或“十”字形槽的螺钉。螺丝刀的规格是指金属杆的长度,规格有75mm、100mm、125mm、150mm等几种。使用时,手紧握柄,用力顶住,使刀紧压在螺钉上,以顺时针的方向旋转为上,逆时针为下卸。穿心柄式螺丝刀,可在尾部敲击,但禁止用于有电的场合。

4. 电工刀的使用与维护

在电工安装维修中用于切削导线的绝缘层、电缆绝缘、木槽板等,规格有大号、小号之分。六号刀片长112mm,小号刀片长88mm。有的电工刀上带有锯片和锥子，可用来锯小木片和锥孔。电工刀没有绝缘保护，禁止带电作业。使用电工刀，应避免切割坚硬的材料，以保护刀口。刀口用钝后，可用油石磨。如果刀刃部分损坏较重，可用砂轮磨，但须防止退火。

5. 测电笔的使用与维护

测电笔又称验电笔。它能检查低压线路和电气设备外壳是否带电。为便于携带，测电笔通常做成笔状，前段是金属探头，内部依次装安全电阻、氖管和弹簧。弹簧与笔尾的金属体相接触。使用时，手应与笔尾的金属体相接触。测电笔的测电压范围为60~500伏（严禁测高压电）。使用前，务必先在正常电源上验证氖管能否正常发光，以确认测电笔验电可靠。由于氖管发光微弱，在明亮的光线下测试时，应当避光检测。

第五章　采卤设备和设施

第一节　采输卤设备的操作

一、离心泵的操作

(一)启泵操作

1. 启泵前的准备工作

(1)检查机泵周围有无杂物,各部位螺钉是否松动。

(2)检查各种仪表是否齐全准确,灵活好用。

(3)检查并调整密封填料松紧程度,确保密封填料盒无堵塞。

(4)检查确保机泵伴热冷却循环系统良好。

(5)检查联轴器是否同心,端面间隙是否合适。

(6)检查机泵润滑油油质是否合格,油位应在规定范围内。

(7)打开泵入口阀门,向泵及过滤缸内充满液体,同时放净过滤缸及泵内气体,活动出口阀门。

(8)检查电气设备和接地线是否完好。

(9)盘车灵活、不卡。

(10)启泵前与有关岗位进行联系,做好准备工作。

2. 启动操作步骤

(1)按启动按钮,当电流从最高值下降时,二次起跳。待泵压上升稳定后,缓慢打开泵的出口阀门,根据生产需要,调节好泵压及流量。

(2)检查各种仪表指示是否正常,电动机的实际工作电流不允许超过额定电流。

（3）检查确保各密封点不渗不漏。

（4）检查密封填料漏失量是否超标，并适当调整。

（5）检查确保机组无振动，无异常声，无异味。

（6）检查确保机泵轴承不超温。

（7）泵运行正常后，与相关岗位联系，随时注意罐位变化，防止泵抽空、罐溢流，并挂上运行牌。

（8）每两小时对机泵进行检查，记录相关生产数据，并做好全部记录。

（二）停泵操作

1. 接到通知后做好停泵前的准备工作。

2. 关小泵出口阀门，当电流下降接近最低值时，按停止按钮，然后迅速关闭出口阀门。

3. 泵停稳后盘车转动灵活，关闭进口阀门。

4. 拉下刀闸，切断电源，挂上停运牌。

5. 做好停泵记录，通知相关岗位。

（三）倒泵操作

1. 接到倒泵通知后，按启动前准备步骤检查备用泵。

2. 关小欲停泵的出口阀门，控制好排量。

3. 按启泵操作步骤启动备用泵，调节好排量和压力。

4. 按停泵操作步骤停运欲停泵，调节排量和压力，使之达到工作需要值。

（四）离心泵操作技术要求

1. 启泵前要放净过滤缸及泵内气体，防止泵抽空不起压。

2. 启泵前要调整好密封填料的漏失量，不能过大也不能过小。

3. 启泵时要缓慢开出口阀门，合理调节泵压和排量。

4. 运行时，机油油位调节到看窗的 1/3~1/2。

5. 运行的泵密封填料漏失量应控制在 10~30 滴 /min。

6. 一般情况下，电动机定子温度不超过70℃，轴承温度不超过65℃。（高压电机温度指标有所提高）

7. 运行中压力表指示值应在量程的1/3~2/3之间。

8. 运行中机泵振幅不超过规定值。

9. 启泵后出口阀门关闭时间不许超过2~3min，防止泵发热汽蚀。

10. 泵压与管压要达到经济合理，不能憋压，也不能超负荷工作。

11. 停泵或倒泵时，要保持管线压力相对稳定，不要忽高忽低。

12. 启动备用泵，先调小运行泵排量，待备用泵运行正常时，再停运行泵。

13. 离心泵出口要安装单流阀，防止突然停电而使泵反转。

14. 正常运行时，机组工作电流不能超过额定电流。

二、齿轮泵的操作

（一）启泵操作

1. 启动前的准备工作

（1）检查机泵各紧固螺钉是否松动。

（2）检查泵体及出入管线是否连接好。

（3）检查轴承室润滑油是否合格。

（4）盘车检查有无卡、磨现象。

（5）检查供电设备和接地线是否完好。

（6）检查压力表是否完好，打开截止阀门。

（7）打开泵出入口阀门。

2. 启泵操作步骤

（1）按启动按钮，泵启动运行。

（2）调节回流管线阀的开度，调到所需压力。

（3）检查泵和电动机的运行状况。

（二）停泵操作步骤

1. 按停泵按钮，把泵停下来。

2. 关闭泵进出口阀门。

3. 通知相关岗位做好停泵记录。

（三）齿轮泵操作技术要求

1. 盘车时转动应轻便灵活，无卡、磨现象。

2. 润滑油的质量及数量应符合规定要求。

3. 打开进、出口阀门后方能启动泵，否则容易损坏部件。

4. 启动后应观察泵压、管压、电流、电压等工作参数。

5. 通过泵回流阀调节泵的工作参数。

6. 油泵较长时间不使用时，应在无压状态下运转 10min，才能进入工作状态。

7. 泵正常运行后，泵及电动机轴承振动不超标，密封填料漏失量 10~30 滴 /min，电流不应超过额定电流。

8. 对于长期停用的泵，应尽量放净泵内液体。

三、往复泵操作（ZJ 型为例）

（一）启泵

1. 启动前的准备工作

（1）检查机泵各螺钉是否松动。

（2）检查润滑油是否缺油，变速箱内油位是否在规定范围内。

（3）检查压力表是否灵活好用。

（4）盘泵数转，确保不磨不卡。

（5）检查确保储液罐液位在规定范围内。

（6）检查确保供电设备、接地线完好。

（7）打开泵出入口阀门，排除泵及管线内气体。

2. 启动操作步骤

（1）按启动按钮，启动泵。

（2）根据排量大小调节冲程长度。

（3）检查泵的运行状况。

（4）调节补偿缸油位，排除膜腔内气体。

（5）根据生产工艺流程要求，调节好排量。

（6）检查齿轮变速箱，内外通气畅通完好。

（二）停泵操作

1. 按停泵按钮，停泵。

2. 关闭泵进出口阀门。

3. 通知相关岗位，做好停泵记录。

（三）往复泵操作技术要求

1. 变速箱的油位应在看窗的 1/2~2/3，通风孔应畅通。

2. 启泵前检查各阀门、仪表，要灵活好用。

3. 泵进出口的阀门要工作正常，不能出现卡或关不严现象。

4. 拆下电动机风扇罩，转动风扇使柱塞往复 2 次以上，转动应灵活，无卡阻现象。

5. 根据加药量和泵的排量调节行程长度。

6. 压力补偿缸内，变压器油位应在规定范围内，补偿阀杆应灵活好用，关闭完好。

7. 必须将泵进出口阀打开方可启动泵。

8. 启泵前用手压补偿阀杆，向膜腔内充油，排出膜腔内的气体至无气泡冒出为止。

9. 齿轮变速箱内的润滑油应每季更换一次，保证清洁无杂质。

10. 填料漏失不超过 8~15 滴 /min，若漏失过量，适当紧填料压盖。

四、电动机加注润滑油操作

1. 操作步骤

（1）观察电动机轴承结构形式，判断加润滑油还是润滑脂。

（2）选择合适牌号的润滑油或润滑脂装入干净的机油壶或黄油枪。

（3）滑动轴承电动机应加注机油，进行自然循环。

①加机油前应拧开轴承室下部放油孔丝堵，排净废旧机油，并用汽

油冲洗干净。

②关闭上紧轴承室下部放油孔丝堵，打开油杯盖，用机油壶慢慢向润滑油室内倒入机油，加至油标的1/2~2/3处为止。

③拧紧油杯盖，回收废旧机油。

（4）滚动轴承的电动机应加润滑脂。

①电动机轴承有黄油嘴时，把黄油枪卡在黄油嘴上将黄油压入。

②电动机轴承无黄油嘴而有黄油盒时，拧下油盒盖把黄油加满后，旋紧油盒盖，使黄油慢慢挤入轴承室内。

③电动机轴承无加油孔部位时，拆开电动机两侧端盖，将黄油抹入轴承间隙内，然后上好端盖。

④加注黄油时，数量不宜过多，加至油盒80%为宜。

2. 技术要求

（1）滑动轴承的电动机加注润滑油，滚动轴承的电动机加注润滑脂。

（2）严格按照操作步骤逐点进行检查，滑动轴承电动机运行1000h以后要更换新油；滚动轴承每运行250h补充一次黄油，运行2500~3000h以后，应更换润滑脂。

（3）必须根据电动机的要求和工作条件，正确选择润滑油和润滑脂的牌号，不同牌号的润滑油和润滑脂不能混用。

（4）润滑油和润滑脂的颜色正常，清洁无杂质，严禁使用过期变质的润滑油和润滑脂。

（5）加注机油前，必须清洗干净滑动轴承的润滑室。加注润滑脂前，应清洗、擦净黄油枪及黄油嘴，防止杂质进入轴承。

（6）卸、装润滑油室放油孔螺丝时，选用合适扳手，不得用钢丝钳，以免咬伤损坏螺丝。

（7）操作要缓慢平稳，润滑油或润滑脂加注量达到润滑油室或油盒的1/2~2/3为宜，过多或过少，都易导致轴承过热发烧。无加油部位的滚动轴承电动机向轴承间隙内涂抹黄油时，加注量以挤出旧油为准。

（8）润滑油室放油孔丝堵、油杯盖和黄油盒盖应拧紧、盖严，防止跑、冒、滴、漏及脏物、杂物落入。

第二节　采输卤设备的检查及一级保养

一、离心泵的一级保养

运行 1000h ± 8h，由采卤工在维修工配合下进行一级保养作业。

（一）离心泵一级保养检查内容

1. 进行例行保养全部内容。

2. 检查机泵联轴器减震胶圈是否完好，连接螺栓有无松动、滑扣，受力是否均匀。

3. 检查填料函泄漏量及轴套磨损情况，调整填料压盖松紧度，要达到不发烧、不冒烟、不刺水，渗漏量不超过 30 滴 /min；更换密封填料，做到压盖平行端正，压入 1/2；轴套无明显磨损和损坏。

4. 测量机组轴向间隙，检查泵前后轴承有无明显磨损，轴套端面磨损量不超过 2mm~3mm。

5. 清洗轴瓦和轴承室，更换润滑油。润滑油室应清洁无杂质，润滑油应颜色正常、无杂质，油量合适，油环无毛刺、变形。润滑油应加至油位观察孔的 1/2~2/3 为宜。

6. 打开过滤器，检查清洗和更换过滤网，要达到清洁畅通，滤网无损坏。

7. 检查校对各种仪表，更换新表。各种仪表应达到校验合格、量程合适、指示准确灵敏。

8. 测量电机绝缘电阻，阻值应小于 0.5MΩ。检查电机接线头及接地线有无松动、烧损和漏电。

9. 检查拧紧各部分紧固螺丝，处理渗漏，搞好机组清洁卫生。

（二）注水泵一级保养的操作

1. 操作步骤

（1）检查机泵联轴器减震胶圈是否完好，连接螺栓有无松动、滑扣，受力是否均匀。

（2）检查填料函泄漏量及轴套磨损情况，调整填料压盖松紧度，更换密封填料。

（3）检查泵前后轴瓦，测量机组轴向间隙。

（4）清洗轴瓦和轴承室，更换润滑油。

（5）打开过滤器，检查清洗和更换过滤网。

（6）检查校对各种仪表，更换新表。

（7）测量电机绝缘电阻，检查电机接线头及接地线。

（8）检查拧紧各部分紧固螺丝，处理渗漏，搞好机组卫生。

2. 技术要求

（1）机泵联轴器减震胶圈完好，连接螺栓无松动、滑扣，受力均匀。

（2）填料函压盖平行端正，松紧适宜，泵运转时不发烧、不冒烟、不甩水，漏失量不超过 30 滴 /min。

（3）机组轴向间隙符合技术要求。轴瓦及轴套端面无磨损、损坏，油环无毛刺、变形。

（4）排净润滑油室废油。用柴油清洗轴瓦、润滑室。更换的润滑油应清洁无杂质，颜色正常。润滑油应加至油位观察孔的 1/2~2/3 为宜。

（5）各种仪表要灵敏、准确、可靠。

（6）过滤器应清洁、畅通，滤网应无损坏。

（7）电动机对地绝缘电阻应不少于 0.5MΩ。电动机接线头及接地线无松动、烧损和漏电现象。

（8）各部分紧固螺丝无松动，无渗漏，卫生清洁。

二、抽油机的一级保养

当抽油机运行 720h 时，由采卤工在维修工人的协助下进行一级保养，其保养检查内容见图 5-2-1。

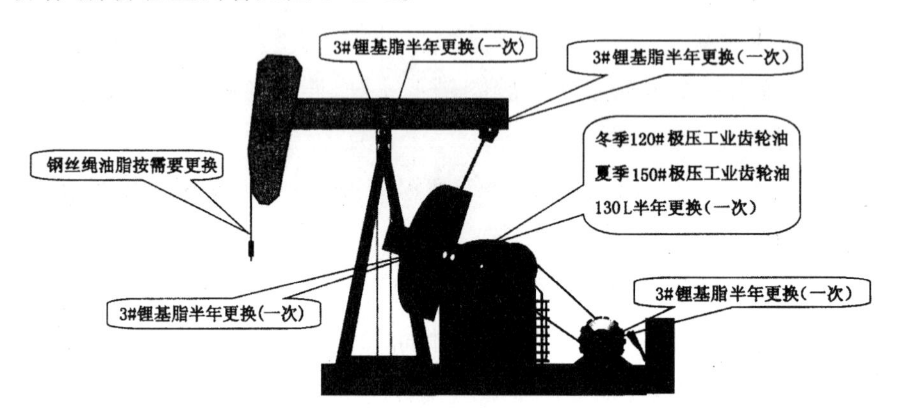

图 5-2-1 抽油机润滑（保养）示意图

（一）一级保养检查内容

1. 进行例行保养的全部内容。

2. 打开减速器检视孔，检查齿轮啮合情况，并检查齿轮磨损和损坏情况。检查清洗呼吸器应卸开清洗。

3. 检查减速器油面并加（补）足机油到规定位置：上液面不高于 2/3 位置，下液面不低于 1/3 位置，以齿轮齿刚浸没为宜。

4. 各轴承加注润滑油要加足、加满。如果油脂变质应全部更换。如中央轴承座需要更换黄油，应将黄油枪装在加油孔上，放开泄油孔（在泄油孔下面垫上擦布或其他东西接着旧油以防止旧油排到机身上）。打黄油时应一直将旧黄油排出泄油孔并挤出新油时才能算是加满。

5. 检查抽油机的平衡情况。用钳形电流表测量电流，观察上、下行电流峰值的变化情况。平衡率应大于 85%以上才算合格。如达不到平衡率要求，应进行平衡的调节。

6. 紧固：对各部位的紧固螺丝应逐一检查紧固，关键部位如曲柄销、中央轴承座、尾轴、底座紧固螺丝及减速器固定螺丝必须紧固并划好新的安全检查线。

7. 检查刹车片的磨损情况。如果磨损严重、断裂等，应更换刹车片，并调节刹车的松紧度。刹车销锁死牙块应卡在刹车槽的 1/3~2/3 之间，不应太少或太多，以免刹车滑脱。

8. 检查三角皮带，应无损伤。电机轮与减速器轮端面应在一条直线上，距离适当，各皮带的松紧应一致。

9. 电器部分及配电箱应由电工同步进行一级保养，以减少停机时间。

（二）抽油机一级保养操作

1. 操作步骤

（1）停抽，刹车（停在便于操作位置），切断电源。

（2）清除抽油机外部油污、泥土，旋转部位的警示标语要清楚醒目。

（3）紧固减速箱、底座、中轴承、平衡块、电动机等固定螺丝。安全线应无错位，用手锤击打一下螺帽，听声音应以无空洞的声响为合格，电动机、中轴、顶丝应无缺损，并顶紧。

（4）打开变速箱视孔，松开刹车，盘动皮带轮，检查齿轮啮合情况，检查输入轴与中间轴的左右旋齿轮的啮合情况，左右旋应无松动。检查中间轴齿轮与输出轴齿轮的啮合情况以及齿轮的带油情况。

（5）检查减速箱油面及油质，不足时应补加，变质时要更换。开箱时如果闻到有异味发臭，即是油变质。机油本身发生颜色变白即是油被乳化，应立即更换。冬季，由于机油中的水不能沉降，可能会有冰块和减速器结霜，如机油未变质，可清除后使用。夏季保养时，应从减速器的放油死堵孔中将水放掉，以避免冬季出现问题。水有可能是夏季下雨时由于检视孔的密封圈垫不严而渗入进去的，因此保养后应把检视孔的垫上好，不能用的应立即更换。

（6）清洗减速箱呼吸阀，用管钳卸掉呼吸阀上盖进行清洗。

（7）对中轴承、尾轴承、曲柄销子轴承、驴头固定销子、减速箱轴承等处加注黄油。

（8）检查刹车是否灵活好用，必要时应进行调整。不论是内涨式或外抱式的刹车，刹车片上都不能有油污。刹车把的行程不得超过1/3~2/3之间，不在此范围时应调整。刹车拉杆的滑点螺丝也应使之在此范围内。如横向拉杆调整不到位,可考虑调整纵向拉杆;如果两拉杆都不能调整到位,可在刹车的凸轮处进行调整。刹车的锁死弹簧应无自动复位现象,以免刹车后自行滑落而出事故。

(9)检查皮带松紧程度,不合适的要进行调整,皮带损坏要及时更换。

(10)检查毛辫子,有起刺、断股现象应更换。检查悬绳器,上下夹板应完好。毛辫子的断股在同部位断三丝的钢绳就需要更换。检查时发现钢绳粗细不均匀,细的地方说明钢绳内的麻芯断脱,应及时更换。因为麻芯断脱,各股钢丝就硬磨,用不了多长时间,就可能拉断钢绳而造成事故。检查时发现钢绳锈很多,说明麻芯中的机油已经用尽,应当加油润滑钢绳或外部抹黄油润滑。

(11)检查电器设备绝缘应良好,有接地线,各触点接触完好。

(12)检查驴头中心必须与井口中心对正。

2. 注意事项

(1)抽油机运转速 720h,进行一级保养作业。

(2)曲柄销子注黄油时,可将轴承盖卸下,直接加注黄油。

(3)有水套炉保温的井应注意关小炉火,作业完后应开大炉火。

(4)高空作业时必须系安全带。

(5)正确使用管钳、扳手及抽油机的特种专用扳手及电工工具。

(6)安全线。安全线是井矿盐采卤工人在生产实践中总结出来的一种在检查设备运动连接部件(螺帽)画的标记线。通常是在螺帽与相对静止部位画上一条明显的直线,主要是便于随时检查。

第三节　采卤设备的常见故障及处理

一、离心泵的常见故障原因及处理

（一）离心泵抽空的故障处理

1. 现象及原因

（1）现象：泵体振动，泵和电动机声音异常，压力表无指示，电流表归零。

（2）原因：

①泵进口管线堵塞，流程未倒通，泵入口阀门没开；泵叶轮堵塞。

②泵进口密封填料漏气严重；吸阻过大；泵入口过滤缸堵塞。

③泵内有气未放净。

2. 处理方法

①清出或用高压泵车顶通泵进口管线

②启泵前全面检查流程。

③清除泵叶轮入口的堵塞物。

④调整密封填料压盖，使密封填料漏失量在规定范围内。

（二）离心泵汽蚀的故障处理

1. 汽蚀的危害

（1）汽蚀可产生很大的冲击力，使金属零件的表面产生凹陷或对零件产生疲劳性破坏，以及冲蚀。

（2）由于低压的形成，从液体中将析出氧气或其他气体，在受冲击的地方产生化学腐蚀。在机械损失和化学腐蚀的作用下，加速了液体流通部分的破坏。

（3）汽蚀的开始阶段，由于发生的区域小、气泡不多，还不致影响泵的运行,泵的性能不会受大的改变。当汽蚀到一定程度时,会使泵流量、压力、效率下降,严重时断流,吸不上液体,破坏泵的正常工作。

(4)在很大的压力冲击下,可听到泵内有很大噪声,同时使机组产生振动。

2. 现象及原因

(1)现象:泵体振动,噪声强烈,压力表波动,电流表波动。

(2)原因:

①吸入压力降低,吸入高度过高。

②吸入管阻力增大,输送液体粘度增大。

3. 处理方法

(1)提高罐位,增加吸入口压力,降低泵吸入高度。

(2)检查流程,清理过滤网,增大阀门的开启度,减小吸入管的阻力。

(三)泵压不足的故障处理

1. 现象及原因

(1)现象:压力表压力达不到规定值,伴有间歇抽空现象。

(2)原因:

①电动机转速不够,进入量不足,过滤缸堵塞。

②泵体内各间隙过大。

③压力表指示不准确。

④平衡机构磨损严重。

⑤叶轮流道堵塞。

2. 处理方法

(1)检查电动机是否单相运行。

(2)调节罐的液面高度,清理过滤缸,检查调节各部配合间隙。

(3)重新检测、校正压力表。

(4)调节平衡盘的间隙,检查清理叶轮流道入口,或更换叶轮。

(四)泵轴承温度过高的故障处理

1. 现象及原因

（1）现象：泵的轴承处温度过高，声音异常。

（2）原因：

①缺油或油过多。

②润滑回油槽堵塞。

③轴承跑内圆或外圆。

④轴承间隙过小，严重磨损；轴弯曲，轴承倾斜。

⑤润滑油内有机械杂质。

2. 处理方法

（1）补充加油或利用下排污把油位调节到 1/3~1/2 处，拆开端盖清理回油槽。

（2）停泵检查，跑外圆要更换轴承体或轴承，跑内圆要更换泵轴或轴承。

（3）更换挑选合适间隙的轴承。

（4）校正或更换泵轴；更换清洁的润滑油。

（五）密封填料发烧、甩油漏失的故障处理

1. 现象及原因

（1）现象：密封填料处冒烟，密封填料漏失成流。

（2）原因：

①冒烟：密封填料压盖压偏磨轴套，轴套表面不光滑，密封填料加得过多，压得过紧。

②漏失：密封填料压盖松动没压紧；密封填料不行，须更换；密封填料切口在同一方向；轴套胶圈与轴密封不严，轴套磨损严重，加不住密封填料。

2. 处理方法

（1）冒烟

①调整使密封填料压盖不偏对称，不磨轴套。

②用砂纸磨光轴套或更换球磨铸铁镀铬轴套，密封填料加入以压盖压入 5mm 为准，调整压盖松紧。

(2)漏失

①适当对称调紧密封填料压盖。

②更换新密封填料,密封填料切口要错开900~1800角,更换轴套的O型密封胶圈。

③更换轴套。

(六)泵体振动故障处理

1. 现象及原因

(1)现象:泵体振动,伴有异常声音。

(2)原因:

①对轮胶垫或胶圈损坏。

②电动机与泵轴不同心。

③泵吸液不好抽空。

④基础不牢,地脚螺栓松动。

⑤泵轴弯曲。

⑥轴承间隙大或沙架坏。

⑦泵转动部分静平衡不好。

⑧泵体内各部间隙不合适。

2. 处理方法

(1)检查更换对轮胶垫或胶圈,紧固销钉。

(2)对电动机和泵对轮进行找正。

(3)在泵入口过滤缸和出口处放气,控制提高罐液面。

(4)加固基础,紧固地脚螺栓。

(5)校正泵轴,更换符合要求的轴承。

(6)拆泵重新校正转动部分(叶轮、对轮)的静平衡。

(7)调整泵内各部件的间隙,使之符合技术要求。

二、计量泵的常见故障及处理

(一)电动机不能启动

1. 原因

（1）电源无电。

（2）电源缺相断电。

2. 处理方法

（1）检查电源供电情况。

（2）检查保险丝及接触器接点是否良好。

（二）不排液或排液量不足

1. 原因

（1）吸入管堵塞或吸入管路阀门未打开。

（2）吸入管路漏气。

（3）吸入管太长，急转弯多。

（4）吸入阀或排出阀阀面损坏或落入外来杂物，使阀面密封不严。

（5）隔膜腔内残存空气。

（6）补油阀组或隔膜腔等处漏气、漏油。

（7）安全阀、补偿阀动作不正常。

（8）补油系统的油有杂质，阀被垫上，密封不严。

（9）柱塞填料处泄漏严重。

（10）电机转速不足或不稳定。

（11）吸入液面太低。

2. 处理方法

（1）检查吸入管、过滤器，打开阀门。

（2）将漏气部位封严。

（3）加粗吸入管，减少急转弯。

（4）检查阀的密封性，必要时更换阀、阀座。

（5）重新灌油，排出气体。

（6）找出泄漏部位并封严。

（7）重新调节。

（8）换干净的油。

(9)调节填料压盖或更换新填料。

(10)稳定电机转速。

(11)调整吸入液面高度。

(三)泵的压力达不到性能参数

1. 原因

(1)吸入、排出阀损坏。

(2)柱塞填料处漏损严重。

(3)隔膜处或排出管接头密封不严。

2. 处理方法

(1)更换新阀。

(2)调节填料压盖或更换新填料。

(3)找出漏气部位并封严。

(四)计量精度降低

1. 原因

(1)与故障 2 原因中 4~11 条相同。

(2)柱塞零点偏移。

2. 处理方法

(1)与故障 2 中处理方法 4~11 条相同。

(2)重新调整柱塞零点。

(五)零件过热

1. 原因

(1)传动机构油箱的油量过多或不足,油有杂质。

(2)各运动副润滑情况不好。

(3)填料压得过紧。

2. 处理方法

(1)更换新油,使油量适宜。

(2)检查清洗各油孔。

(3)调整填料压盖。

（六）泵内有冲击响声

1. 原因

（1）各运动副磨损严重。

（2）阀升程太高。

2. 处理方法

（1）调节或更换零件。

（2）调节升程高度，避免泵的滞后。

三、电动机一般故障的判断与处理

（一）电动机不能启动的故障处理

1. 原因

（1）电源电压是否过低或过高。

（2）电源控制开关未接通或虚接。

（3）电缆接线头松动、熔断器熔断。

（4）交、直流操作电压过低。

（5）各种保护装置故障。

（6）电动机低油压、低水压保护动作。

（7）电动机启动按钮是否失灵。

（8）电动机过载保护动作。

2. 处理方法

（1）与变电所取得联系，调整电源电压。

（2）重新合闸送电。

（3）切断电源，拉下闸刀，挂上“禁止合闸”警示牌。

（4）打开电动机接线盒，检查电缆接线头是否松动、熔断，重新更换接线鼻子，上紧紧固螺丝。找出熔断相重新更换。

（5）用兆欧表和万用表测量定子绕组是否接地、断相或短路，排除相应故障。

（6）调整交流电压，更换直流蓄电池。

（7）排除保护装置故障，并按技术要求重新正确安装。

（8）将润滑油和冷却水压力调整到规定范围。

（9）修复电动机，更换启动按钮。

（10）盘泵，检查机泵有无卡阻、过载，转动是否灵活，查找电动机过载保护动作原因并进行处理。

3. 技术要求

（1）高压注水电动机的额定电压为6000V，低压电动机的额定电压为380V或220V。电源电压不能超过额定电压的 -5%~10%，三相电源电压必须平衡。

（2）合闸时，电源的三相闸刀应同时合到位，确保接触良好。

（3）熔断器要符合技术规范要求，并与基座保护良好接触。

（4）高压注水电机的保护装置所采用的交流操作电压为220V，直流电压为24V，并且要求保护装置接线正确，灵敏好用。

（5）高压注水泵机组的润滑油压力保持在规定范围内（分油压一般为0.0539~0.0637MPa；冷却水压力一般为0.03~0.04MPa）。

（6）电动机的启、停按钮要达到灵活好用。

（7）检查电动机本身故障时，必须切断电源，挂上“禁止合闸”警示牌，并带好绝缘手套，切勿带电作业。

（8）电动机接线盒内的接线电缆的头螺丝紧固，应无松动，无烧损，无过热，接触良好。

（9）电动机定子绕组绝缘良好，对地绝缘电阻大于0.5MΩ，相间绝缘电阻大于0.5MΩ，无接地、断路、短路现象。

（10）电动机启动前必须进行盘车，应达到无卡阻、无异响，转动灵活。

（11）操作时应由采卤工配合电工完成处理过程。

（二）电动机运行时，轴瓦的温度过高的原因及处理方法

1. 原因

（1）润滑不良，润滑油含水、变质、杂质高，加油过多或缺油。

（2）轴瓦残缺，轴承或轴瓦内有杂质。

（3）带油环卡死。

（4）轴瓦偏斜或轴弯曲变形。

（5）轴承盖螺丝过紧，轴瓦与瓦面接触不良，发生摩擦。

（6）电动机转子串动量过大，电动机安装不合格。

2. 处理方法

（1）补充、减少或更换润滑油，调整润滑油压力，疏通油路。

（2）检查轴瓦重新研磨，清洗轴瓦，调整轴瓦间隙。

（3）检查调整带油环。

（4）检查调整轴承盖螺丝松紧、轴颈与瓦间的间隙。

（5）检查轴弯曲度和轴承偏斜，及时修理调整。

（6）重新调整转子轴串量和安装电动机。

3. 技术要求

（1）电动机润滑油质量合格，应达到不含水、不含杂质，无变质。润滑油应加至看窗位置1/2~2/3为宜。

（2）修复轴瓦时，按刮研法研磨使轴瓦间隙达到技术要求，轴承或轴瓦和轴承室在安装前要擦洗干净，不得有杂质。

（3）润滑油带油环要转动灵活，无卡阻。

（4）对角均匀拧紧瓦盖螺丝，松紧适宜，防止压偏，轴瓦与轴颈间隙要符合技术要求。

（5）上下瓦四角应与轴颈接触良好，不应有翘起。一般轴的最大弯曲度不超过0.06mm，轴表面应光滑无伤痕。

（6）轴窜动量应在2~6mm，必要时检修或更换新件。

（7）严格按操作规程重新安装电动机。

（8）操作时应由采卤工配合电工完成处理过程。

（三）电动机缺相运行的判断和处理方法

1. 电动机缺相运行的判断方法

（1）电动机缺相运行时，转子左右摆动，有强烈的振动和嗡嗡声。

（2）仪表盘上缺相电流表无指示，其他两相电流表指示升高，泵压排量降低。

（3）电动机转数降低，电流增大。

（4）电动机发热，温度极度升高。

2. 处理方法

（1）立即按停止按钮，停掉电动机，用验电器或试电笔检查三相熔断器是否熔断。如溶断，应更换熔断器。

（2）拉下电源闸刀，切断电源。

（3）检查配电柜电动机线路接头是否烧坏，有无松动。重新更换接线鼻子，用扳手拧紧电缆接头紧固螺丝。

（4）打开电动机接线盒，检查电缆接头有无烧焦、烧坏、松动。

（5）卸掉交流接触器灭弧罩，用起子压下交流接触器的触点连接轴，检查触点是否接触良好，接触面有无氧化灼伤痕迹。

（6）用兆欧表或万用表测量三相绕组对地及相间绝缘电阻。如电动机烧毁，应及时向上级汇报，进行修理和更换。

3. 技术要求

（1）必须切断电源，挂上“禁止合闸”警示牌，并带好绝缘手套，切勿带电作业。

（2）配电柜和电动机各接线柱、电缆接线头应达到无松动、无烧损、无氧化。

（3）用细砂纸除去交流接触器触点氧化层，调节触点弹簧，使之保持接触良好。

（4）电动机定子绕组绝缘良好，对地绝缘电阻大于0.5MΩ，相间绝缘电阻大于0.5MΩ，无接地、断路、短路现象。

（5）操作时由采卤工配合电工完成处理过程。

（四）电动机运行时温度过高原因及处理方法

1. 原因

（1）电源电压过低或三相电压不平衡。

（2）电动机缺相运行。

（3）电动机超负荷运行。

（4）周围环境温度高。

（5）电动机冷却风道堵塞，冷却水循环不畅。

（6）定子绕组短路或断路。

（7）电动机接线错误。

（8）轴承损坏，转子扫膛。

2. 处理方法

（1）调整电源三相电压，使之达到规定要求。

（2）检查更换熔断器，紧固电源及电动机接线电缆头。

（3）及时调整泵的排量，减少电动机负荷。

（4）清除冷却风道灰尘、杂物和油垢。

（5）检修更换定子绕组。

（6）调整电动机接线方式。

（7）检查更换电动机轴承。

3. 技术要求

（1）高压注水电动机的额定电压为6000V，低压电动机的额定电压为380V或220V。电源电压不能超过额定电压的-5%～10%，三相电源电压必须平衡。

（2）熔断器要符合技术规范要求，并与基座保护良好接触。

（3）调节注水泵排量时，不得超过电动机的额定负荷。

（4）配电柜和电动机各接线柱、电缆接线头应达到无松动、无烧损、无氧化。

（5）电动机冷却风道要清洁无堵塞，通风良好。冷却水循环要畅通，压力要符合要求。

（6）按电动机铭牌或使用说明书上的接线方式，正确进行“Y”或“△”接线。

（7）检修定子绕组和电动机轴承应符合有关技术要求。

（8）操作时由采卤工配合电工完成处理过程。

四、电动机其他故障及处理方法

（一）运行电动机震动过大的原因及处理方法

1. 原因

（1）泵机组不同心。

（2）联轴器紧固螺丝松动，减震胶圈磨损严重或破碎。

（3）电动机转子失去平衡。

（4）转子扫膛。

（5）轴承损坏。

（6）电动机地脚紧固螺丝松动或基础不牢。

2. 处理方法

（1）检查调整机泵同心度。

（2）检查上紧联轴器紧固螺丝，更换损坏的减震胶圈。

（3）检查校正电动机轴弯曲度和不平衡度，使之达到技术要求。

（4）用塞尺测量电动机转子与定子之间的气隙间隙，并进行调整处理，使之符合技术规范。

（5）检查更换损坏的电动机轴承。

（6）加固机泵基础，紧固松动的地脚螺丝。

（二）电动机运行中电流突然上升的原因及处理方法

电动机都是在额定电流和额定电压下运行的，如果电流突然上升、声音异常，应立即查明原因并采取措施予以处理。

1. 原因

（1）电源电压波动，周波下降，导致电流上升。

（2）调节排量时，出口阀门开得过大，电动机超载运行，导致电流上升。

（3）泵体内口环或平衡盘磨损严重，导致电流上升。

（4）填料压得过紧或偏斜，导致电流上升。

（5）轴承损坏，出现过热抱轴现象，导致电流上升。

（6）电动机跑单相，导致电流上升。

2. 处理方法

（1）与变电所取得联系，查找原因予以排除，并根据具体情况决定是否停机。

（2）立即控制关小出口阀门，降低泵的排量。

（3）用起子或专用工具测听泵内声音和平衡盘的运行情况，如有摩擦、扫膛等异常声响，应立即停机检查处理。

（4）适当松开填料压盖螺丝，调整填料松紧度。

（5）用起子或专用工具测听轴承声音，或用手背触摸轴承温度，如有异常现象，应立即停机检查处理。

（6）如电动机声音发闷、似乎有带不动的迹象、转速下降等现象，应立即停机检查处理。

（三）电动机运行时发生异响的原因及处理方法

1. 原因

（1）电源电压急剧下降。

（2）电动机缺相运行或定子绕组一相断路。

（3）定子绕组匝间短路。

（4）电动机转子扫膛。

（5）润滑油质不好或严重缺油，出现烧瓦抱轴。

（6）电动机散热不好。

（7）联轴器连接螺栓松动。

（8）地脚固定螺丝松动。

2. 处理方法

（1）立即停机检查，并向有关部门汇报。

（2）与变电所取得联系，查找电压降低的原因，并及时采取措施予以排除。

（3）查找缺相和断路原因，并及时采取措施予以排除。

（4）查找短路点，并及时采取措施予以排除。

（5）调整定子与转子的气隙间隙。

（6）清洗轴瓦和轴承室，更换、过滤润滑油，保证油路畅通。

（7）清除风道油污、杂物，调节冷却水量。

（8）紧固联轴器连接螺栓和地脚固定螺丝。

（四）电动机启、停要求

1. 电动机遇到下列任何一种情况时都不能启动

（1）未经电力部门的许可。

（2）电源电压不在规定范围内。

（3）电动机绝缘阻值低于规定值。

（4）定子绕组三相绝缘电阻值不平衡或超过规定值。

（5）定子绕组耐压试验不合格。

（6）电动机在冷态或热态情况下的启动次数已达到规定值。

（7）保护装置动作自行停机，原因未查明，故障未排除。

（8）存在机械方面的问题或故障。

2. 电动机出现下列任何一种情况时，必须立即进行停机

（1）电缆接线头或启动装置冒烟、打火。

（2）电动机出现剧烈振动。

（3）拖动机械设备出现故障或损坏。

（4）电动机声音异常。

（5）电动机电流突然急剧上升。

（6）转速急剧下降，温度急剧升高。

（7）电动机着火。

（8）发生人身伤亡事故或火灾、水灾等事故。

五、高压离心泵一般故障的判断与处理

（一）注水泵压力下降的原因及处理方法

1. 原因

（1）大罐液位低，泵吸入压力不够。

（2）口环与叶轮、挡环与衬套严重磨损，间隙过大。

（3）进口管线及过滤器堵塞，进水量不足。

（4）电源频率低，电动机转数不够。

（5）泵压表指示不准或损坏。

（6）注水干线管网严重漏失。

2. 处理方法

（1）调整来水量，提高大罐液位。

（2）停泵检修注水泵，更换磨损严重的零部件或调整其间隙。

（3）清除进口管线和过滤器内的堵塞物。

（4）与供电单位联系，查明原因，消除故障点，恢复正常供电。

（5）校验更换泵压表。

（6）管线有泄漏，应及时汇报领导，组织巡线，及时堵漏，恢复正常注水。

3. 技术要求

（1）认真检查校对压力表并及时更换。

（2）不得用泵进口阀控制排量，应全部打开。

（3）大罐应保持一定的水位，一般不得低于2.5m，保证泵进口有足够的吸入压力。

（4）疏通清除泵进口管线的堵塞物，拆卸清洗过滤器滤网，确保泵进口管路进水畅通。

（5）注水干线管网如有漏失，应立即停泵，关闭泄漏点前后切断阀门，并及时通知有关人员抢修。

（6）如上述部位经检查处理无问题后，泵压仍不能恢复正常，则应检修机泵各部位。更换磨损严重的零部件或调整其间隙时，必须达到技术要求。

（二）注水泵振动的原因及处理方法

1. 原因

（1）机泵不同心或联轴器弹性胶圈损坏，连接螺栓松动。

（2）轴承轴瓦磨损严重，间隙过大。

（3）泵轴弯曲，转子与定子磨损严重。

（4）叶轮损坏或转子不平衡。

（5）平衡盘严重磨损，轴向推力过大。

（6）泵基础地脚螺丝松动。

（7）泵汽蚀抽空。

（8）泵排量控制的过大或过小。

（9）电动机振动引起泵体振动。

2. 处理方法

（1）检查调整机泵同心度，更换联轴器弹性胶圈，紧固联轴器连接螺栓。

（2）检修调整轴瓦间隙或更换新瓦。

（3）检修校正弯曲的泵轴。

（4）更换叶轮，进行转子的平衡试验并找平衡。

（5）研磨平衡盘磨损面或更换新盘。

（6）紧固泵基础地脚螺丝。

（7）控制好大罐液位，清除进口管线、过滤器及叶轮流道内的堵塞物，放净泵内的气体，消除汽蚀抽空。

（8）将泵控制在合理的工作点运行。

（9）单独运行电动机，处理电动机振动。

3. 技术要求

（1）测量机泵同心度，联轴器端面间隙应不大于 4mm，两联轴器轴向位移在 0.05~0.10mm 间，两半轴器径向全跳动不大于 0.05mm。

（2）联轴器弹性胶圈应达到完好无损，连接螺栓应紧固均匀，无松动、无滑扣、无缺损。

（3）测量轴瓦两侧间隙应为 0.075~0.08mm，顶间隙应为 0.15~0.16mm。

（4）校正后的泵轴径向跳动允差在 0.025~0.10mm。

（5）泵的平衡盘与平衡套的摩擦面应无毛刺、沟槽。

（6）大罐应保持一定的水位，一般不得低于2.5m，保证泵进口有足够的吸入压力。

（7）启泵前必须放净泵内空气。

（8）定期拆洗泵前过滤器过滤网，达到无损坏、无堵塞。

（9）泵的排量和压力要控制在合理的规定范围内。

（10）地脚螺丝紧固，达到无松动、无缺损、无滑扣。

（11）泵机组振动速度有效值不得超过3.5m/s。

（三）注水泵密封圈刺出高压水的原因和处理方法

1. 原因

（1）泵后段转子上的叶轮、档套、平衡盘、卸压套和轴套端面不平，磨损严重，造成不密封，使高压水窜入，且O型橡胶密封圈同时损坏，最后高压水从轴套中刺出。

（2）两端的反扣锁紧螺丝没有锁紧，或锁紧螺丝倒扣，轴向力将轴上的部件密封面拉开，造成间隙窜渗。

（3）密封圈压得过紧，与轴套摩擦发热，使轴套膨胀变形拉伸或压缩轴上部件。冷却后，轴套收缩，轴上部件间产生间隙窜渗。

（4）轴套表面磨损严重，密封圈质量差、规格不合适或加入方法不对。

2. 处理方法

（1）检修或更换转子上端面磨损的部件，更换损坏的O型橡胶密封圈。

（2）上紧或更换锁紧螺丝。

（3）更换表面磨损严重的轴套，选用符合技术要求的盘根，按正确的方法，重新填加。

3. 技术要求

（1）检修后，泵转子上的叶轮、档套、平衡盘、卸压套、轴套紧固，零部件端面平整，接触面不得低于90%，密封良好，密封胶圈完好。

（2）锁紧螺丝紧固，转子反向串量应为3mm±1mm，总串量应为6mm±1mm，事故间隙应在总串量的1/2~2/3。

（3）密封圈填料要符合技术要求。应正确加入密封圈，压盖不偏不斜，松紧适宜。

（4）轴套表面光滑，达到无锈蚀、无磨损、无沟槽。

（四）注水泵启泵后不出水或泵压过低的原因及处理方法

1. 原因

（1）启泵后不出水，泵压很高，电流小，吸入压力正常。其原因是：出口阀门未打开；出口阀门闸板脱落；排出管线冻结；管压超过泵的死点扬程。

（2）启泵后不出水，泵压过低，且泵压表指针波动。其原因是：进口阀门没打开；进口阀门闸板脱落；进口过滤器或进口管线堵塞；大罐液位过低。

（3）启泵后不出水，泵压过低，且泵压表波动大，电流小，吸入压力正常，并伴随着泵体振动、噪声大。其原因是：启泵前，泵内气体未放净，密封圈漏气严重；启泵时，打开出口阀门过快而造成抽空和汽蚀现象。

（4）启泵后不出水，泵压过低，电流小，吸入压力正常。其原因是泵内各部件间隙过大、磨损严重。

2. 处理方法

（1）检查出口阀门开启度；打开出口阀门；修理或更换出口阀门；汇报领导，组织人员解堵；减少同一注水干线管网的开泵台数，降低注水干线管网压力。

（2）打开进口阀门；开大进口阀开启度；检修或更换进口阀门；清除进口管线及过滤器内的堵塞物；保持大罐液位。

（3）停泵，重新放净泵内空气；适当调整密封圈松紧度；启泵时，要缓慢打开出口阀门。

（4）检修更换转子上的部件。

3. 技术要求

（1）启泵前，应做好各项检查准备工作，正确导通流程，严格按启泵操作程序启泵。

（2）启泵前必须放净泵内空气。

（3）定期拆洗泵前过滤器过滤网，达到无损坏、无堵塞。

（4）开关出口阀门时要缓慢进行，泵的排量和压力要控制在合理的范围内。

（5）大罐应保持一定的水位，一般不得低于 2.5m，保证泵进口有足够的吸入压力。

（6）更换泵内零部件或调整其间隙时，应达到技术要求。

（7）发现注水管压超过扬程死点或注水干线冻堵等现象时，应及时汇报上级有关部门，请求予以协助解决。

（五）注水泵停泵后机泵倒转的原因及处理方法

1. 原因

停泵后，机泵发生倒转，是由于出口阀门及止回阀关闭不严，使干线中的高压水返回，冲动泵的叶轮，造成机泵倒转。

2. 处理方法

发现机泵出现倒转后，应立即关严干线，切断阀门，打开回流阀门，并及时检修泵出口阀和止回阀。否则机泵长时间倒转，就会导致电动机烧毁，并使注水泵转子部件损坏。

3. 技术要求

（1）停泵后，要迅速关闭泵的出口阀门，防止止回阀关闭不严，导致机泵倒转。

（2）发现泵出口阀门、出口止回阀关闭不严或闸板脱落等故障时，应立即停泵，关闭故障阀门的前后切断阀门，打开回流阀卸压放空，然后进行检修，切勿带压操作。

（3）开关阀门要平稳果断，身体侧对阀门，以防止高压水刺出造成人身伤亡。

（六）注水泵启动后泵压高、电流低的原因及处理方法

1. 原因

（1）泵出口阀没打开或闸板脱落。

（2）泵出口止回阀卡死。

（3）注水干线压力过高。

（4）泵压表、电流表指示失灵。

2. 处理方法

出现上述情况时，应立即逐一进行检查，及时调整和排除故障。

第四节 采输卤设施的常见故障及处理

一、管道、管件腐蚀穿孔

（一）管道、管件腐蚀的原因

1. 金属腐蚀的分类

根据其作用原理的不同，金属管道腐蚀可分为两大类：化学腐蚀和电化学腐蚀。

（1）化学腐蚀

化学腐蚀是指金属表面与周围介质发生化学作用而引起的破坏。其特点是在腐蚀过程中没有电流产生，腐蚀产物直接生成于发生化学反应的表面区域。化学腐蚀又可分为两种：

①气体腐蚀：指金属在干燥气体中腐蚀。在高温时，气体腐蚀速度更快，如用氧气、乙炔切割金属或焊接管道时，会在金属表面产生氧化皮。

②在非电解质溶液中的腐蚀：金属在某些有机液体（如酒精、汽油）中的腐蚀。

（2）电化学腐蚀

其特点是在腐蚀过程中有电流产生。如手电筒中电池的锌皮在使用前较硬，但当化学电池快用完时就变软腐烂，这就是电化学腐蚀造成的。电化学腐蚀可分为以下几种：

①原电池腐蚀：指金属在电解质溶液中形成电池而发生的腐蚀。

②电解腐蚀：指外界的杂散电流使处在电解质溶液中的金属发生电解而形成的腐蚀。

③其他腐蚀：对金属管道的电化学腐蚀还可分为大气、土壤、海洋和生物腐蚀。

④根据腐蚀的破坏形式可分为均匀、坑点和晶间腐蚀。

2. 金属在土壤中的腐蚀

储卤罐底部和土壤接触部分产生的腐蚀以及埋地注水、集输卤管线产生的腐蚀叫土壤腐蚀。其形成原因有以下三条：

（1）土壤是由固、液、气三态物质组成的复杂混合物。土壤颗粒组成的固体骨架内充满着空气、水和各种盐类，使土壤具有电解质溶液的特征，因而发生电化学腐蚀。

（2）由于外界漏电的影响，土壤中有杂散电流通过地下金属管道，因而发生电解，称为杂散电流腐蚀。电解电池的阴极是遭受腐蚀的部位。

（3）土壤中生活有大量细菌，有些细菌也会使管道产生腐蚀，称为生物腐蚀。一般来说，土壤的含盐量、含水量愈大，土壤电阻率愈小，土壤腐蚀性愈强。

3. 腐蚀的形式

（1）双金属腐蚀：即电偶腐蚀。当两种不同的金属相互接触并在电解质中时，活性较大的金属被腐蚀，而另一种金属则不被腐蚀。

（2）浓缩腐蚀：在金属表面的两个点上由于电解质浓度的不同而引起的腐蚀，如缝隙腐蚀和空气—水界面腐蚀等。

（3）温差腐蚀：由于金属表面温度不同而形成的腐蚀。温度高的金属部分原子运动比较剧烈，易溶于水，变成阳极受到腐蚀。

（4）冲蚀或空穴腐蚀：主要是流速或压力急剧而频繁的改变，或液体中含有气泡而造成的腐蚀。

(二)管道、管件防腐措施

1. 防腐蚀的意义

(1)节约材料：设备和零件被腐蚀后造成材料损失和维修人力的浪费。

(2)避免事故发生：由于腐蚀使容器壁变薄，管线穿孔，引起集输系统停产。水、卤水的跑漏，也会影响生产及造成环境污染事故。

(3)保护仪表的使用，提高工艺的自动化水平：由于腐蚀造成某些自动化仪表不能正常使用，影响集输工艺的自动化水平。

(4)保护水质：由于腐蚀，使水中铁离子增加，水质变坏，地层堵塞。

2. 防腐措施

(1)选用耐腐蚀的材料，如聚氯乙烯管或合金钢管。

(2)向输送或储存介质中加入缓蚀剂以控制内壁腐蚀。

(3)采用外壁涂层将钢管和腐蚀介质隔离，如内防腐常用的塑料涂层、玻璃钢衬里，外防腐所用的沥青、泡沫塑料等。

(4)改变电解质组成，如改变 pH 值，清除水中溶解氧、硫化氢、二氧化碳等有害气体，使介质导电性变弱。

(5)采用阴极保护法，对被保护的金属管道通以外电流，使整个管道成为腐蚀电池的阴极而得到保护。此法也可用于保护金属罐的罐底。

3. 管道的阴极保护

目前，广泛采用阴极保护方法来保护地下和水中的金属管道。已知金属结构与电解质溶液相接触，就会形成腐蚀电池。阴极保护就是要消除金属结构的阴极区，主要通过以下两种方法实现。

(1)牺牲阳极的阴极保护。在待保护的金属管道上联接一种电位更负的金属或合金，如铅合金、镁合金，使之形成一个新的腐蚀电池。由于管道上原来的腐蚀电池阳极的电极电位比外加牺牲阳极的电位要正，所以整个管道就成为了阴极。

(2)外加电流的阴极保护。将被保护金属与外加正直流电源的负极相连，把另一辅助阳极接到电源的正极，使被保护金属成为阴极。

二、管道爆管故障

管道是卤水集输的主要方式,在长年累月的使用中难免因老化或其他各种原因出现一些问题,如管道爆管问题。

1.爆管原因

(1)管道施工

管道在施工时存在的不规范操作或野蛮施工等问题,都会造成管道爆管问题的出现。例如在铺设管道时并没有对地下的管网做出有效的勘察而盲目进行施工,其结果就是挖爆、压穿以前铺设好的一些管道,造成不必要的损失。

(2)管道的埋设环境破坏

管道的使用寿命很长,因而很多管道的埋设时间较为久远,在当初埋设时所勘察的环境在若干年后可能已经发生改变,还有些管道在以前铺设时就存在管道埋深不够或规划不到位的情况,这样在埋设环境发生变化后就容易受到影响。例如承受更大压力后发生管道的破裂。

(3)管道的接口影响

管道的接口是整个管道中较为薄弱的环节,很多管道自身的泄漏都是从管道接口开始的。从对爆管泄漏现场的情况观察,最常见的是钢管焊接接口或承插式管道的刚性接口泄漏。钢管在铺设时的焊接接口若缺少防腐处理或防腐处理不到位,就容易发生锈蚀而导致质量下降,最后产生脱落或破裂。

2.防止措施及解决方法

(1)管线施工时,提高焊接工艺质量,对管线焊口增加检测数量。

(2)埋地管线投产后,应加强日常巡检,及时了解管线周边环境的变化情况,保证管线的地面环境不发生改变。

(3)敷设自动化检漏系统,加强远程检控力度,及时发现并确定管线漏点位置,做好应急处理。

(4)对爆管点进行重新焊接处理,或进行管道的部分更换。

复习与思考题：

1. 离心泵启泵和停泵操作步骤是什么？
2. 离心泵倒泵操作步骤是什么？
3. 电动机不能启动的故障处理方法是什么？
4. 电动机运行时温度过高的原因及处理方法？
5. 离心注水泵压力下降的原因及处理方法？
6. 离心注水泵振动的原因及处理方法？
7. 管道腐蚀的原因及防止方法有哪些？

第六章　采输卤设备管理

第一节　设备的大、中、小修

一、大、中、小修概念

维修类别是根据维修内容和技术要求以及工作量的大小，对设备维修工作的划分。预防修理分为大修、项（中）修和小修三类。

1. 大修

设备的大修是工作量最大的计划维修。大修时，对设备的全部或大部分部件进行拆卸；修复基准件，更换或修复全部不合格的零件；修复和调整设备的电气及液、气动系统；修复设备的附件以及翻新外观等；达到全面消除修前存在的缺陷，恢复设备的规定功能和精度。

2. 项（中）修

项（中）修是项目维修的简称。它是根据设备的实际情况，对状态劣化已难以达到生产工艺要求的部件进行针对性维修。项修时，一般要进行部分拆卸、检查，更换或修复失效的零件，必要时对基准件进行局部维修和调整精度，从而恢复所修部分的精度和性能。项修的工作量视实际情况而定。项修具有安排灵活、针对性强、停机时间短、维修费用低、能及时配合生产需要、避免过剩维修等特点。对于大型设备（如组合机床、流水线）或单一关键设备，可根据日常检查、监测中发现的问题，利用生产间隙时间（节假）安排项修，从而保证生产的正常进行。目前，中国许多企业已较广泛地开展了项修工作，并取得了良好的效益。

项修是中国设备维修实践中不断总结完善的一种维修类别。

3. 小修

设备小修是工作量最小的计划维修。对于实行状态监测维修的设备，小修的内容是针对日常点检、定期检查和状态监测诊断发现的问题，拆卸有关部件，进行检查、调整、更换或修复失效的零件，以恢复设备的正常功能。对于实行定期维修的设备，小修的主要内容是根据掌握的磨损规律，更换或修复在维修间隔期内即将失效的零件，以保证设备的正常功能。

设备大修、项（中）修与小修工作内容的比较见表 6–1–1。

表 6–1–1 设备大修、项(中)修、小修工作内容比较

修理类别 标准要求	大　修	项(中)修	小　修
拆卸分解程度	全部拆卸分解	针对检查部位，部分拆卸分解	拆卸、检查部分磨损严重的机件和污秽部位
修复范围和程度	维修基准件，更换或修复主要件、大型件及所有不合格的零件	根据维修项目，对维修部件进行修复，更换不合格的零件	清除污秽积垢，调整零件间隙及相对位置，更换或修复不能使用的零件，修复达不到完好程度的部位
刮研程度	加工和刮研全部滑动接合面	根据维修项目决定刮研部位	必要时局部修刮，填补划痕
精度要求	按大维修精度及通用技术标准检查验收	按预定要求验收	按设备完好标准要求验收
表面修饰要求	全部外表面刮腻子，打光，喷漆，手柄等零件重新电镀	补漆或不进行	不进行

二、设备维修费预算

设备维修费用的预算，是一项在规定时间内所要完成设备维修工作的费用目标，必须严格执行国家定额标准。通常设备维修预算主要包括三部分：为保持设备以良好状态运行所需维修费用；为设备维修工作服务,本部门的生产作业和维持费用;公用系统费用。采卤工需要了解设备维修费用预算的相关知识,但不要求会做出预算。

1. 预算编制范围

根据各行业特点,其财务规定不同,预算范围的类目也不同。一般设备维修费用包括以下五个总的类目。

(1)设备资产追加部分,包括新增、更换或改装设备,其目的是为了提高设备的耐用性、生产能力或效率以及提高产品质量等技术改造项目。

(2)设备修理和维护费用,包括故障修理、日常检查、预防维修以及日常的维护、清洗、润滑等。

(3)拆装费用。这类费用包括设备移动安装和老旧废弃设备拆除及清理费用。

(4)公用系统的生产和分配费用,包括蒸气、电力、水和压缩空气等。

(5)杂项费用。其他设备维修的服务工作,例如有些企业的厂房地面和门窗的清扫,运出废弃物和垃圾等费用。

(6)此外,按财务会计部门规定的科目,也可分为六个项目:设备、备品配件、劳务、外委服务(通过承包商或供应厂商外委的劳务,也可包括设备租赁或工程服务费)、维修部门的管理费、全厂的管理费。

2. 预算编制的依据及方法

(1)编制预算的依据一般采用按年单位产量表示的维修费用,适用于产品品种固定而且产量稳定的企业。这种预算包括固定项目和可变项目两个部分的预算。使用这种预算时,为了随着产品销售价格变化,需要作更多的分析调整;采用以单位产值表示的维修费用,是万元产值需要的维修费用。这主要是指企业在报告期内,为保证生产和工艺要求,保障设备完好状态所消耗费用(包括大修费和日常维修费之和)与报告期内的产值之比。

(2)编制预算的方法主要是依据过去的历史统计资料,即以前一时期维修实际消耗费用为基础,并考虑各种条件的变化,例如生产水平、设备役龄、劳务、备品配件等情况的变化，进行某些增减来估算下期预算。一般有以下几种方法：

①按设备类型区分。例如按机械、电气、电子、仪器、车辆等分类资料来区分维修费用。

②按长期和短期的费用区分。对短期且非反复发生的费用，采取专款列入的方式。

③按小额或大额费用区分。所谓小额费用是指经常会重复发生的费用，其预算编制在日常维修费用中。

④按维修作业类别区分。将维修作业分为大修、项修、小修、日常维修或分为清洗、润滑、调整、检查、修理、改装、翻新等项目。其在技术改造（改装、翻新）项目中非常重要，而且是有远见性的费用，应随时列入预算支出。

除从设备维修工作的特点考虑外，编制维修费用还应注意要有弹性和尊重设备部门的自主性。新会计制度规定企业全部发生的设备维修费用直接在成本费用中列支，费用额较大的可以实行预提或待摊的办法。

3. 修理费用

（1）小额修理费和大额修理费

所谓小额修理费就是指经常会反复发生的费用，所以其预算的编制和控制是依据在用机械日常工作情况。

一笔金额只集中在短期而且是非反复费用时，要采取专款分类审核方式。在编制预算期初期已了解工程内容者即须在事先进行审核，列入该期预算中。

在预算中应明确计划的时间，可随时进行审核。因此，对于后者，在预算上可编制一个大致的轮廓。

（2）经常性的修复费和革新费

革新费用是非常重要且有远见的费用，因此所准备的革新费应做到随时可以支出。革新费用的使用效果，最好能使实施人员在维修效果测定系统上可以自行核对。

三、设备大、中、小修项目

（一）检修规程

设备检修规程是对设备检修工艺、修理方法、质量标准、竣工验收等作出规定的技术性文件。设备检修规程内容有：检修前设备技术状态的调查，包括缺陷、故障、事故、隐患及功能失常等情况；检修前预检测试记录，包括各项性能、精度参数和噪声、振动、泄露、磨损、灵活、老化、失效等的程度；设备修理所需的修复件、更换件及工、检、研具明细表；设备修复件及设备修理的程序和工艺；设备的修理质量标准和有关要求；设备修理后的试运行、试加工等的规定。对复杂的关键设备，还应绘制设备修理工程网络图。

（二）电动机检修规程（实例）

根据井矿盐在生产中的连续性的实际情况，为了确保生产的安全、平稳运行，以贯彻电器设备“维护为主，修理为辅”的方针，结合井矿盐设备的安装和使用环境以及电机的使用情况，制定本规程。

1. 电动机检修时间的规定

（1）一般情况下，大修周期为一至二年，项（中）修期定为半年至一年。

（2）对于环境较好、使用的新设备，大修周期不得超过三年，中修周期不得超过一年。

（3）小修根据实际情况随时进行。

2. 电动机小修项目

（1）电机外部灰尘及油垢的清除。（要严格按《电器安全规程》执行，运行中的设备严禁用布、拖把触及）

（2）检查轴承的润滑情况。补润滑脂一定要用同型号，换润滑脂轴承要先清洗干净。

（3）检查电机外壳接地是否良好（$< 4\Omega$），需用接地摇表。

（4）紧固电机引出线及连线，检查是否发热。

（5）检查电机运行中有无不正常声音。

3. 电动机项（中）修项目

（1）检查轴承情况，润滑脂必须彻底更换。

（2）检查轴承室和端盖等，必须拆体检查。

（3）检测电机绝缘情况。

（4）检测电机风叶情况。

（5）检测定子线圈、转子风道、鼠笼等。

（6）滑环、刷柄、换向器等的检查。

（7）电机外壳防腐情况的检查。

（8）项（中）修检查项目和结果必须进入运行档案。

4. 电动机大修项目

（1）清除电动机内部污垢，绝缘加强处理。

（2）检查铁芯室，转子有无擦痕，槽锲有无松动，绕组有无镲痕、灼痕，转子平衡块有无松动。

（3）电机绝缘的检测以及直流电组的测定和耐压试验。

（4）电机防腐情况的检查。

（5）电机润滑部分的检测，使用三年的轴承必须更换，特殊部位连续运行二年的轴承就必须更换。

（6）高压电机保护装置的检测校验。

（7）电机附属设备的检测，包括线路和配电装置。

（8）所有大修项目内容均要记入档案。

第二节　设备的拆卸与组装

一、离心泵的拆卸与组装

（一）离心泵结构（见图 6-2-1）

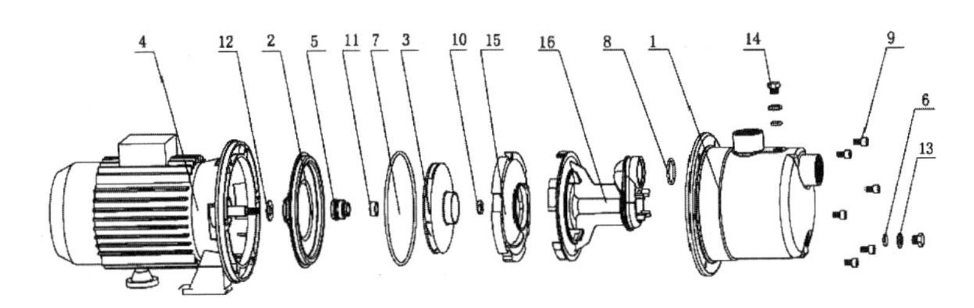

图 6-2-1

序号	部件名称	序号	部件名称	序号	部件名称	序号	部件名称
1	泵体	5	机械密封	9	螺钉	13	凹形垫圈
2	后盖	6	O 形圈	10	叶轮盖母	14	灌排水螺丝钉
3	叶轮	7	O 形圈	11	轴套	15	导叶
4	电机	8	O 形圈	12	挡水圈	16	射流孔

（1）转动部分：决定泵的流量、扬程和效率，传递机械能量。

（2）泵壳部分：把液体吸入叶轮，并把叶轮甩出的高压液体汇集起来送入下一段叶轮，减慢从叶轮甩出液体速度，把液体的动能转为压能。通过泵壳可以把泵各固定部分联为一体，组成泵的定子。

（3）密封部分：防止泵内液体泄漏和外界空气进入泵内，提高泵效。

（4）平衡部分：用来平衡离心泵运行时产生指向叶轮进口的轴向推力。

（5）轴承部分：支撑泵轴并减少泵轴旋转时的摩擦阻力。

（6）传动部分：连接泵和电动机，传递能量。

（二）安装机泵前的准备工作

（1）检查工具及启动机械是否齐备。

（2）准备测量、校验使用的各种测量用具和仪器。

（3）准备好更换用的磨损零件和润滑油。

（4）检查电动机是否完好。

（5）检查机泵基础是否清洁完好。

（6）检查检修后的泵转动是否灵活。

（7）记录好检修过程中更换的配件、检修过程中存在的问题，以便在试运中观察运行效果。

（三）离心泵找正方法

离心泵和电动机是由联轴器连接的。因此，在安装时必须保证两轴的同心度。检查同心度时，应在对轮端面和圆周上均匀分布的4个位置，即0°、90°、180°、270°位置上用百分表进行测量。其方法如下：

（1）将联轴器相互连接，在圆周上划出4个位置的对准线。

（2）将联轴器转动，使对准线顺次转0°、90°、180°、270°位置。

（3）转动时，在每个位置上测出两个半联轴器之间的径向及轴向间隙，并做好记录。

（4）按测出的数值进行计算和调整。复查时也应在原来的位置上进行，直到合格为止。

（5）两个半联轴器找正后，其端面间隙应略大于离心泵的轴向窜量。

（6）找正后将两轴作相对转动，任何螺孔对准时，柱销应均能自由穿入各孔。

（7）找正时，泵和电动机垫的垫片最好采用紫铜皮，在紧固泵和电动机的地脚螺栓时，要注意检查同心度。

（四）离心泵密封填料更换方法

离心泵在现场加密封填料常受客观条件的限制，很不方便。但在检修时加密封填料就方便多了。如在检修过程中能高质量正确更换密封填料，可以延长更换密封填料时间，保持良好的密封性能。其正确方法如下：

（1）卸下密封填料压盖，紧固调整螺钉，把压盖与密封填料盒分离。

（2）用密封填料钩沿旧密封填料的接缝把旧密封填料取出，要彻底取净。

（3）选择适合规格的密封填料。

（4）在新换的轴套上，把密封填料圈好，量取单圈长度。

（5）切割密封填料，各密封填料切口应按顺时针方向斜度为30°~45°。切口应齐整，无松散的线头，切好后的密封填料长短应正好。

（6）密封填料加入时，切口应垂直于轴向，并在与轴套接触面上涂上黄油。

（7）加密封填料时，每相邻两密封填料切口应错开90°~180°。

（8）密封填料压盖应对称、均匀压入，压入深度不小于5mm。

（9）密封填料松紧要适宜，试运时调整压盖，保证密封填料漏失量小于30滴/min。

（五）拆装单级离心泵（实例）

1. 拆卸操作步骤

（1）切断要拆泵的流程并进行泄压。

（2）拉下刀闸，拆下电动机接线盒内的电源线，并做好相序标记。

（3）用梅花扳手拆下电动机的地脚螺栓，把电动机移开到能顺利拆泵为止。

（4）拆下泵托架的地脚螺栓及与泵体连接的螺钉，取下托架。

（5）用梅花扳手或固定扳手拆卸泵盖螺钉。用撬杠均匀撬动泵壳与泵盖连接间隙，把泵的轴承体连带叶轮部分取出来。

（6）把卸下的轴承体及连带叶轮部分移开放在平台上检修、保养。

（7）用拉力器拉下泵对轮，卸下背帽螺钉，拉下叶轮。

（8）拆下轴承压盖螺钉及轴承体与泵端盖连接螺钉。

（9）拆下密封填料压盖螺钉，使密封填料压盖与填料函分开。

（10）拆下轴承压盖及泵端盖，用铜棒及专用工具把泵轴（带轴承）与轴承体分开。

（11）取下泵轴上的轴套，用专用工具将泵轴上的前后轴承拆下。

2. 检查

（1）检查各紧固螺钉、调整螺钉和螺栓的螺纹是否完好，螺母是否变形。

（2）检查对轮外圆是否有变形破损，对轮爪是否有撞痕。

（3）检查轴承压盖垫片是否完好，压盖内孔是否磨损，压盖轴封槽密封毡是否完好，压盖回油槽是否畅通。

（4）检查叶轮背帽是否松动，弹簧垫圈是否起作用。

（5）检查叶轮流道是否畅通，入口与口环接触处是否有磨损，叶轮与轴通过定位键配合是否松动，叶轮键口处有无裂痕，叶轮的平衡孔是否畅通。

（6）检查轴套有无严重磨损，在键的销口处是否有裂痕，轴向密封槽是否完好。

（7）检查填料函是否变形，上下、左右间隙是否一致，冷却环是否完好。

（8）检查轴承体内是否有铁屑，润滑油是否变质，轴承是否跑外圆。

（9）检查轴承压盖是否对称，有无磨损，压入倒角是否合适，压盖调整螺栓是否松动，长短是否合适。

（10）检查泵轴是否弯曲变形，与轴承接触处是否有过热和磨内圆痕迹，背帽处的螺纹是否脱扣。

（11）检查各定位键是否方正合适，键槽内有无杂物。

（12）检查轴承是否跑内圆或外圆，沙架是否松旷，是否有缺油过热变色现象。

（13）检查轴承间隙是否合格，轴承球粒是否有破损。

（14）检查入口口环处是否有汽蚀现象。

（15）检查密封填料是否按要求加入，与轴套接触面磨损是否严重。

3. 安装

（1）按检查项目准备好合格的泵件，按拆卸顺序安装泵。

（2）用铜棒和专用工具把两轴承安装在泵轴上。

（3）用柴油清洗好轴承体内的机油润滑室及看窗。

（4）把带轴承的泵轴安装在轴承体上。

（5）用卡钳、直尺和圆规及青克纸制作好轴承端盖密封垫，并涂上黄油。

（6）用刮刀刮净轴承密封端盖密封面的杂物，放好密封垫。

（7）按方向要求上好轴承端盖，对称紧好固定螺钉。

（8）在泵轴叶轮的一端安上密封填料压盖、冷却环，上好轴套密封，装上轴套。

（9）把轴承体与泵盖连接好，对称均匀紧固好螺钉。

（10）用键把叶轮固定在泵轴上，并用键与轴套连接好。

（11）安上弹簧垫片，用背帽把叶轮固定好。

（12）用铜棒和键把泵对轮固定在泵轴上。

（13）按加密封填料的技术要求，向填料函内加好密封填料，上好密封填料压盖。

（14）用卡钳、直尺、划规、布剪子、青克纸制作好泵壳与泵盖端面密封垫，并涂上黄油。

（15）将在平台上组装好的泵运到安装现场。

（16）装好密封垫后，将泵壳与检修后的泵体用固定螺钉均匀对称地紧固好。

（17）安上泵体托架，紧固好托架地脚螺栓及与泵体的连接螺钉。

（18）在泵对轮上放好胶垫，移动电动机把泵电动机对轮找正，并紧固好电动机地脚螺栓。

（19）按标记接好电动机接线盒的电源线，合上刀闸。

（20）向泵体内加入看窗 1/3~1/2 的润滑油，清扫现场。

4. 试运

（1）按启泵前的检查工作检查泵。

（2）按启泵操作规程启运检修泵。

（3）按泵的运行检查要求，检查二级保养后泵的运行情况。

二、阀门的拆卸与组装

（一）阀门密封填料

1. 石棉密封填料规格：现场使用的石棉密封填料通常是多股拧成的，股数及长度由需要而定。

2. 牛油密封填料规格：现场使用的牛油密封填料规格通常是指近似于正方形边长大小（粗细）。

3. 石墨密封填料规格：目前，石墨密封填料在现场也较为常用。

（二）阀门结构

常用阀门主要有闸阀（图 6-2-2）、截止阀（图 6-2-3）、止回阀、球阀、安全阀等。

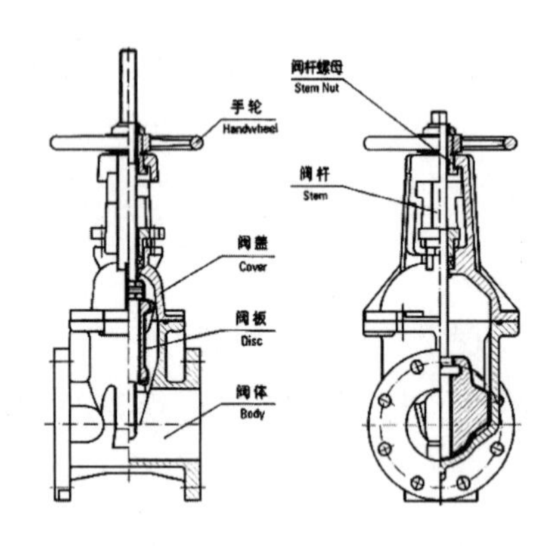

图 6-2-2　闸阀结构图

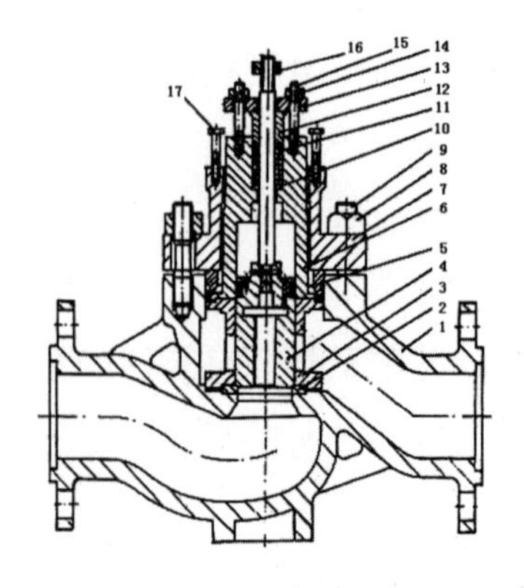

图 6-2-3　截止阀结构图

1. 阀体 2. 阀座 3. 节流组件 4. 阀芯组件 5. 密封环 6. 阀盖 7. 法兰 8. 螺母 9. 阶端双头螺柱 10. 填料垫 11. 密封填料 12. 填料压盖 13. 压板 14. 螺母 15. 螺柱 16. 螺母 17. 螺栓

（三）闸板阀（见图 6-2-4）填加密封填料操作（实例）

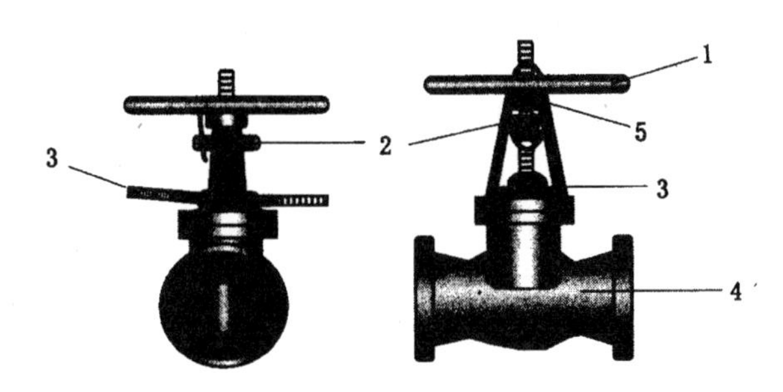

图 6-2-4　闸扳阀装置
1 —手轮；2 —压盖；3 —压盖螺栓；4 —阀体；5 —挂钩

1. 操作步骤

（1）首先用切刀切好密封填料 3~5 段，切口为 30°~40°。如果用石棉绳，应用多股拧成绳，并抹上黄油备用。

（2）倒流程，关闭闸门（在确定闸门能关严的情况下）开放空阀门卸压。

（3）卸掉密封填料压盖螺栓，退出压盖。用挂钩挂住撬起的压盖，把两个压盖螺栓放平后就可以取旧密封填料了。

（4）用螺丝刀取净旧密封填料，下部的密封填料可用自制的小钩钩出来，但必须取净，不准留有旧密封填料以免加完后不密封。

（5）加入新密封填料。加新密封填料时，每段之间的切口要错开 120°~180°，长度要求要准确，不得有长有短。如果是加石棉绳，盘转要顺时针，每加一圈应压实再加下一圈直至加满。

（6）确认加够后，放下压盖将两个对应的螺栓均匀上好，使压盖不能有倾斜。

（7）关放空，打开闸门试压，观察有无渗漏现象，开关要灵活。

2. 注意事项

（1）不准憋压操作，以防其他设备出现故障。

（2）高压部位必须放空后才可操作。

（3）密封压盖不能上偏。

三、更换法兰垫片

1. 操作步骤

这里指定的是更换如图 6–2–5 所示下流阀内侧法兰垫片。

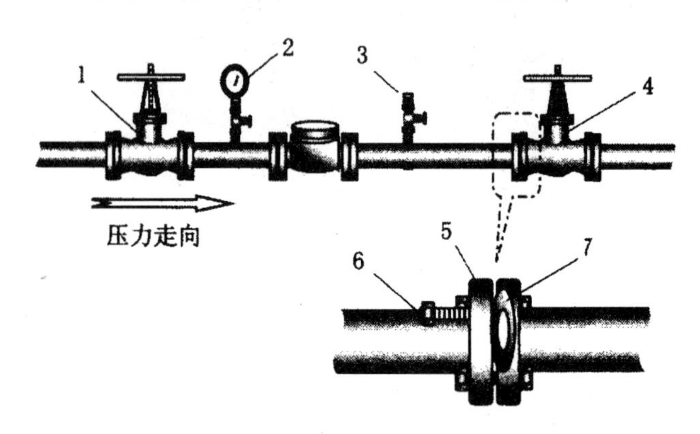

图 6–2–5　更换法兰垫片的装置

1. 上流阀；2. 压力表；3. 放空阀；4. 下流阀；5. 法兰；6. 螺栓；7. 法兰垫片

（1）倒流程：先关来液阀门，关掉下流阀，放空，放掉管线内的压力。

（2）卸法兰的 4 个螺栓：先卸松最下部的一个螺栓，让存在管线内的水从下部流尽。

（3）取出面对自己的那个螺栓，其他三个不必要取出，以免管线的拉力过大或“整筋”而对不准中心以致上法兰时困难。

（4）用撬杠撬开法兰取出旧垫片，一定要取净。用锯条清理法兰表面，水线要清理干净。

（5）将新垫片两侧抹上黄油，放入法兰内，对正中心，不得偏斜。上紧螺栓，先上下面的一个以便于调整上螺栓时要求对角均匀上紧，法兰四周缝隙宽度要一致。

（6）关放空，开下流阀试压，确认无渗漏现象后，开大上流阀及下流阀。

（7）收工具，打扫现场。

3. 注意事项

（1）新垫片制作要选用合适的材质，尺寸与接合面的形状应相符，垫片的内外边缘要整齐圆滑。

（2）两法兰不对中的处理。两法兰不对中是因为两法兰端管线中心不在同一直线上。处理方法是卸4个法兰螺栓时，对角卸掉2个，另2个螺栓卸松不要卸掉，并用撬杠校正后再上紧。

第三节　设备维修后的试车验收

一、离心泵试车操作

离心泵试运行操作一般都是指机泵进行保养或大修后的试运行操作，具体过程如下。

1. 试运前对机泵的检查

（1）检查电器设备、仪表和开关是否灵活好用，电压是否在规定范围内。

（2）检查电动机是否完好，接地、通风、绝缘等是否良好。

（3）检查润滑油质量，油位是否在1/2~1/3位置。投运润滑油系统，调整好总油压和分油压。

（4）投运冷却水系统。打开冷却水阀门，控制好冷却水。

（5）检查各部螺丝有无松动、缺少现象。

（6）检查机泵周围有无妨碍启动物品。

（7）盘泵，看是否灵活，听有无杂音。

（8）撬动转子，检查轴窜动量是否合格。

（9）检查联轴器护罩有无偏磨，连接螺栓是否紧固。

（10）打开泵进口阀门、平衡管阀门、平衡压力表阀门。

（11）检查出口阀门开关是否灵活。

（12）打开泵压、管压、来水压力表取压阀门。

（13）打开出口放空阀门，放净泵内气体，关闭放空阀门。

（14）关闭流量计前后切断阀，打开平衡阀门，检查记录流量计读数。

（15）检查大罐水位，应达到安全高度。

（16）与有关单位联系准备启泵。

2. 启泵试运程序

（1）启泵前，泵工、电工必须联系好，互相配合。

（2）按要求给合闸信号，得到合闸信号后按下启动按钮，注意电流变化。

（3）泵压升至铭牌额定压力时，打开生产阀门，调整好压力和排量。

（4）启泵后必须用听、闻、摸、看的方法，对机泵进行一次全面检查。

①检查泵上水情况。

②检查轴承润滑情况、温升情况。

③检查密封漏失情况、温度情况。

④检查各种仪表指示情况。

⑤检查阀门、管线漏失情况。

⑥检查机泵振动情况，不超过0.06mm。

（5）打开流量计前后切断阀，关闭平衡阀门，将流量计投入运行，观察流量运行情况。

3. 其他要求

（1）将启泵时间和泵的运行情况向生产调度和有关部门汇报。

（2）做好记录，填写运行报表。

4. 离心泵试运技术要求

（1）各连接处接缝密封合格，尤其是泵中段和各法兰连接部位。

（2）机泵振动达到规定要求。

（3）各部件无发烧现象，尤其是轴瓦。

（4）不应有杂音、摩擦现象，无异常渗漏现象。

（5）压力、排量和泵效要达到技术要求。

5. 注水泵现场验收规则

（1）泵运行24h正常后，双方验收交接（交机泵情况、大修技术资料、大修合格证）。

（2）大修资料必须按大修记录要求填写两份，字体端正，无涂改，数据齐全，不漏项。

（3）大修记录必须保证与实际相符合。试运完成后，双方验收签字生效，并各保留一份。

（4）泵大修完后，由承修单位技术干部验收合格，填写出厂证书，并与泵一起交用户保存。

二、电动机的检查验收

1. 电动机外壳应有良好的接地。如电动机底座与基础框架能保证可靠的接触，则可将基础框架接地。

2. 电动机底座上部的垫板应进行研磨，垫板与机爪间接触面应达75%以上。用0.5mm塞尺检查，大中型电动机不应塞进5mm，小型电动机不应塞进l0mm。为了方便找平，在机爪下允许垫金属垫片。

3. 电动机轴承底面与支承框架结合面必须清理干净，使其接触均匀良好。安装时注意在绝缘电动机轴承座下加绝缘垫片，并经绝缘试验，其绝缘阻值不得小于1MΩ。

4. 安装滑动轴承时，转子的轴向串量应按表6-3-1规定进行检查。

表6-3-1　电动机转子轴向窜动范围

电动机容量（kW）	轴向窜动范围（mm）	
	向一侧	向两侧
30~70	1.00	2.00
70~125	1.50	3.00
125以上	2.00	4.00
轴颈直径大于200mm	2/100轴颈直径	2/100轴颈直径

5. 检查测定电动机的定子绕组在运行温度下的绝缘电阻值，不得大于1MΩ/KV。电压lKV以下和容量在l00KW以下的，其绝缘阻值不

得小于 0.5MΩ，转子绕组的绝缘阻值不得小于 0.5MΩ。

6. 电动机在试运下，滑动轴承温度不超过 70℃，滚动轴承不超过 75℃，电动机温升不超过 80℃。

7. 检查验收电动机安装记录和技术资料。

第四节　设备档案管理

设备是企业固定资产的重要组成部分，强化设备档案的管理，有助于延长设备使用寿命，提高设备的使用价值。通过档案管理可以如实掌握设备的运转状况。采卤工填写的设备实时运行记录就属于设备管理档案的基础内容，因此了解设备档案管理流程有助于采卤工了解企业的设备管理工作。设备档案管理包括以下几个方面。

一、设备档案管理制度

（一）总则

1. 凡作为企业固定资产的仪器、设备，在其购置、验收、调试、运行、管理、维修、改造、报废等全部活动过程中直接形成的具有保存利用价值的文字、图表、声像载体材料，以及随机材料均属仪器设备档案。

2. 精密贵重仪器和大型设备是指 10 万元以上（含 10 万元）的仪器设备。精密贵重仪器和大型设备档案（简称设备档案）是企业的重要技术储备，是开发和利用仪器、设备资源的必要条件。建立设备档案是设备管理工作的重要内容之一，各主管机构和基层单位都应把设备档案的立卷、归档及使用纳入仪器、设备的管理制度之中。

二、归档流程

（一）设备文件材料的形成与积累

1. 企业设备管理部门是设备文件材料的形成、积累、汇总部门，必须有专（兼）职档案员集中管理设备文件材料。设备计划单位、采购供应单位、使用单位都应指定专人负责设备文件的收集、积累、管理工作。

2. 从申购设备到验收完毕（进口设备到索赔期满）过程中的管理性文件和技术性文件，均由设备管理部门负责收集、积累，过程结束后移交档案部门。

3. 重大设备的开箱验收必须有档案管理部门参加，以监督、检查、指导设备文字材料和技术文件的清点、验收工作，并在验收记录上签字、盖章。

4. 设备保管使用部门要办理设备随机文件材料的借阅以及设备调试验收、使用记录等文件材料的收集、积累并及时整理登记、移交设备管理部门。

5. 档案部门随时了解、督促、检查、指导专（兼）职档案员做好设备文件材料的积累工作。

6. 各级设备使用单位的负责人要认真抓好设备文件材料的形成、积累、管理工作，科技人员要爱护设备的技术文件，对设备的使用、维修、改造做到有活动就有完整的记录，确保设备文件的完整、系统、准确。

7. 设备文件材料必须用钢笔书写或电脑打印，严禁用圆珠笔、水彩笔。要求字迹工整，图样清晰。

（二）整理组卷

1. 坚持由设备文件材料形成部门立卷的原则。设备验收完成和进口设备索赔期满后，设备计划、采购供应部门的专（兼）职档案员应及时将形成的设备管理文件材料整理组卷。

2. 将最能反映设备购置概况的文件材料，如申购报告、批复文件、论证文件、投资文件、订购合同、验收报告、索赔文件等整理组成案卷，排放在各卷之首，其余设备技术文件材料按设备的工作程序及重要程度，依次系统排列。

3. 设备文件材料中的非纸质载体材料，除密不可分者外，应放入特殊载体档案的专柜保管,并按要求标明参见号。

4. 拆除卷内文件中的金属物,用线装订,对破损的文件材料进行修补,对引进设备中的专用文件夹,可以保持原状。

5. 按卷装订的文件无论单面或双面只要有文字,均应一面编写一个页号,页号位置在非装订线一侧的下角;不装订的文件在每件文件右上方加盖件号章,每件自编页号。

6. 认真填写卷内目录和备考表。备考表应写明本案卷图纸和文件材料的总页数,并对文件材料的完整准确程度和损坏、缺少情况加以说明。

7. 拟定案卷封面各栏目,案卷标题要简明、准确。对进口设备的外文案卷标题,控制在 100 个字符以内。

8. 确定设备档案卷内文件的保管期限。对最能反映设备购置概况和设备技术性能的文件材料,如申购报告、批复文件、论证文件、投资文件、订购合同、验收报告、索赔文件等,定为长期保管。设备随机的技术文件和使用维修、改造等文件,由于其价值是作为设备的组成部分而存在的,原则上随设备而存在,保管期限定为与设备共存。

(三)归档验收

1. 设备管理部门的专(兼)职档案员填写移交目录。内容包括设备文件材料名称、份数、移交时间。移交目录一式二份。将移交目录连同案卷送单位负责人审查,再向档案部门归档。归档时,双方签字,各持一份备查。

2. 设备档案的归档时间为设备验收完毕投入使用后两个月,引进设备为索赔期满后两个月。

3. 综合管理文件于次年 6 月底前归档。

三、岗位职责

(一)设备管理领导职责

1. 制定和健全有关管理制度,确保设备档案工作全面纳入设备的采购和管理之中，并监督各部门执行。

2. 领导设备管理专（兼）职档案员的工作。

（二）设备管理档案员职责

1. 负责设备档案综合管理部分档案文件的收集、整理、立卷和保管。

2. 负责接收其他各单位移交的设备档案，定期向上一级档案管理部门移交。

四、设备档案内容

1. 项目名称

（1）序号、资产编号

（2）仪器、设备名称

（3）型号

（3）购置时间

（4）设备原值

2. 档案内容

（1）合同

（2）装箱单

（3）开箱验收记录

（4）安装调试记录

（5）培训记录

（6）使用说明书

（7）软件

（8）电子文件

（9）使用记录

（10）大修记录

（11）改造记录

（12）报废记录

复习与思考题：

1. 设备的大、中(项)、小修的内容是什么?

2. 简述电动机的检修规程。

3. 单级离心泵的拆卸步骤是什么?

4. 更换法兰垫片的主要内容是什么?

5. 离心泵维修后的试车运行内容有哪些?

6. 电动机试车检查内容是什么?

7. 设备档案内容有哪些? 与采卤工有关的内容是什么?

8. 一般设备维修费用包括哪几个总的类目? 小额修理费是指什么?

第七章　生产监控

第一节　生产工艺参数的调整与配采

卤水生产过程中,通过对注水量的控制,可以控制单井或井组卤水的产出量,进而控制整个系统的卤水产出量;通过对管道输送压力的控制,可以控制卤水的输送量。离心泵是卤水生产过程中完成注水和集输工作的主要设备,因此通过对离心泵技术参数的调整和控制就可以完成对整个工艺流程的参数控制。所以采卤工必须掌握离心泵流量、压力等技术参数的调整方法。

一、离心泵的技术参数

1. 流量

泵在单位时间内排出的液体量。通常用体积单位表示,称为体积流量。用符号 Q 表示,单位是 m^3/h 或 m^3/s。

2. 扬程

泵的扬程是输送单位体积质量的液体从泵进口处(泵进口法兰)到泵出口处(泵出口法兰),其能量的增值,也就是单位质量液体通过泵以后获得的有效能量,即泵的总扬程。用符号 H 表示,单位是 m。

3. 转速

泵轴每分钟旋转的次数。用符号 n 表示,单位是 r/min。

4. 汽蚀余量

它是表示泵汽蚀性能的主要参数，用符号△ h表示，单位是米液柱，还称其为净正吸入扬程。

5. 功率和效率

泵的输入功率为轴功率N，泵的输出功率为有效功率Ne。泵的有效功率表示泵在单位时间内输送出去的液体从泵中获得的有效能量。

$$N_e = \frac{\rho g H Q}{1000} \tag{7-1-1}$$

式中 Ne——泵的有效功率（单位：kW）

ρ——液体密度（单位：k/m^3）

g——重力加速度（一般取 $9.8m/s^2$）

H——扬程（单位：m）

Q——液体流量（单位：m^3/s）

由于泵在工作时，泵内存在各种损失，轴功率与有效功率之差为泵内损失功率，损失功率大小用泵的效率来衡量。因此泵的效率 η 等于有效功率与轴功率之比，其表达式为：

$$\eta = \frac{N_e}{N} \tag{7-1-2}$$

式中 Ne——泵的有效功率（单位：kW）

N——泵的轴功率（单位：kW）

η——泵的效率（单位：%）

二、离心泵技术参数调节方法

在实际的生产中，常需要对泵的流量和扬程进行调节，通常使用的方法有以下几种。

1. 改变泵出口阀门开度的调节方法

只要改变泵出口阀门开度，使管路特性曲线发生变化，从而改变泵的工作点，这样可满足调节的要求，并能得到较宽的调节范围。该方法的优点是操作简单，使用方便，因而被广泛采用。缺点是能量损耗大，阀门截流损失增加，泵不能在高效率区工作，增加了功率消耗，生产操作不经济。

2. 用泵出口接回流的调节法

这种方法是利用泵出口管上引回到泵入口的旁接回路来实现的。调节旁通阀门的开度，由于液体的回流，从而使实际输出的流量减小，一部分液体的能量白白消耗掉了，因此这种调节方法很不经济。但对高比转数离心泵随流量增加功率并不增加或反而减少的情况，应用这种调节方法比较合适。

3. 改变转速的调节法

泵的流量、扬程是随着泵的转速的变化而变化，因此用改变泵的转速来调节离心泵的流量是一种非常有效的调节方法。调节泵的转速，使泵在管路上的工作点发生变化，从而改变泵的流量。改变泵的转速，一个办法是泵的电动机采用可以变速的，另一个办法是在不能变速的泵和电动机之间安装变速装置。这种方法既节能，又能保证泵在高效区工作。

4. 改变叶轮数目和切削叶轮外径调节法

泵的流量、扬程和功率是随着叶轮数目及叶轮外径的改变而变化的。叶轮数目增加，则泵的扬程也相应增加；叶轮切削一次，泵的排量就相应减小。因此这两种方法对于较长时期调节流量和扬程是一个行之有效的方法。

5. 改变泵联接方式的调节法

泵的并联可以增加流量，串联可以增加扬程。利用这一原理，改变泵的并联数目和串联数目，可以达到调节流量和扬程的目的。

在多台泵联合工作情况下，还可以利用几台泵间歇或轮换工作，改变工作泵台数和改变工作时间等方法进行泵流量调节。

三、离心泵的能量损失

离心泵在运行过程中发生能量损失，主要有容积损失、机械损失和水力损失三个方面。

1. 离心泵的容积损失

（1）密封环泄漏损失：在叶轮入口处设有密封环(口环)。在泵工作时，由于密封环两侧存在着压力差，所以始终会有一部分液体从叶轮出口向叶轮入口泄漏，形成环流损失。漏失量的大小取决于叶轮口环的直径、间隙的大小和两侧的压差。

（2）平衡装置的泄漏损失：在离心泵工作时，平衡装置在平衡轴向力时将使高压区的液体通过平衡孔、平衡盘及平衡管等回到低压区而产生的损失。

（3）轴端密封装置的泄漏损失：泵在运行中，一部分液体从轴端密封处泄漏到外部而造成的损失。

2. 离心泵的机械损失

（1）轴承、轴封摩擦损失：泵轴支撑在轴承上，为了防止液体向外泄漏，设置了轴封。当泵轴高速旋转时，就与轴承和轴封发生摩擦，损失的大小与密封装置的形式和润滑的情况有关。

（2）叶轮圆盘摩擦损失：离心泵叶轮在充满液体的泵壳内旋转时，叶轮盖板表面与液体发生相互摩擦，引起摩擦损失。它的大小与叶轮的直径、转数及输送液体的性质有关。随级数的增加可成倍的加大，加工精度对它的影响也很大。

3. 离心泵的水力损失

（1）冲击损失：泵在工作点工作时，液体不发生与叶片及泵壳的冲击，这时泵效率较高。但当泵偏离工作点时，其液流方向就要与叶片方向及泵壳流道方向发生偏离，产生冲击。这种损失与流速或流量的平方成正比。

（2）旋涡损失：在泵中，过流截面积是很复杂的空间截面。液体在这里通过时，流速大小和方向都要不断地发生变化，因而不可避免地会产生涡流损失。另外过流表面如存在着尖角、毛刺、死角区时，会增大旋涡损失。

（3）流动摩擦阻力损失：由于泵内过流表面的粗糙和液体具有粘性，所以液体在流动时产生摩擦阻力损失。

四、调节离心泵压力和排量（实例）

1. 操作步骤

（1）利用泵出口阀的开度，调节压力和流量。

①要使流量降低，就关小泵的出口阀，则泵压力升高。

②在泵能力之内需要增大流量时，开大泵的出口阀门，则流量得到满足，而压力降低。

（2）利用泵出口回流阀的开启度，调节压力与流量，而功率不变。

①当回流阀开启时，泵的流量、压力都降低。

②当回流阀关闭时，泵的流量、压力都升高。

（3）利用变频调速器调节压力与流量。

①自动控制调节：根据实际生产工艺所需流量和压力，在控制器上重新整定频率参数，使泵的流量和压力在设定参数附近小幅度的变化，进行自动调节。

②手动调节：逆时针改变控制电位器的旋钮，使变频器频率降低时，机泵转速降低，泵的压力、流量都降低。顺时针旋转变频器控制电位器旋钮，使变频器频率升高时，机泵转速加快，泵的压力、流量都升高。

（4）根据生产所需配注量计算出每分钟的流量范围，并重复调节、计时、读数，直至压力与流量达到配注要求为止。

（5）将有关压力和流量等生产数据填入生产班报表。

2. 技术要求

（1）调大泵的流量时，应先将流量调过配注量，然后再逐渐缓慢回调泵出口阀或出口回流阀的开度，使流量达到配注量要求为止。

（2）自动调节泵的压力与流量时，控制器参数整定要合适。

（3）调整变频调速器频率时，要缓慢旋转控制电位器旋钮。

（4）控制电位器旋钮旋转方向，不能调错。

（5）操作要平稳，读数计时要准确。

（6）调节阀门时要缓慢进行，操作人员要站在阀门侧面。

第二节　绘制生产工艺参数曲线图

一、绘制生产参数变化图

井组生产动态分析通常是指在盐类开发中，生产井或井组注采关系、产品质量变化、单井产出率等生产状况的分析。生产动态分析对于搞好生产井或井组开采，提出合理、正确的调整措施是非常重要的。绘制生产参数变化图是为技术人员进一步对生产井或井组进行动态分析的依据，也是采卤工日常工作内容之一。

本节所有曲线的绘制以连通井组为例，循环对流单井所绘曲线与连通井组相同。

二、绘制注采曲线图（实例）

本图表可利用绘图纸手工绘制，也可利用电脑表格制作软件绘制。为减少人工工作量，建议采用电脑制图。

1. 操作步骤

（1）熟悉该井组开采基本概况及现状。

（2）绘制近期注采曲线，分析找出问题。

①根据所给生产动态数据，绘制出井组注采曲线（图 7–2–1）。

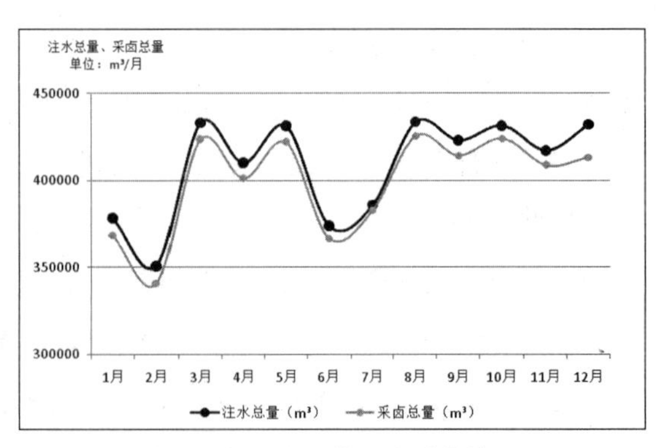

图 7–2–1　____ 井组注采曲线

②由技术人员分析各曲线变化趋势及突变发生点，进而从生产井找出可能引起变化的原因进行分析。

③由技术人员进一步对井组生产动态变化趋势做一个整体评价。

二、绘制井组卤水含量曲线图(实例)

本图表可利用绘图纸手工绘制，也可利用电脑表格制作软件绘制。为减少人工工作量，建议采用电脑制图。

1. 操作步骤

(1)将化验数据整理制表。

(2)绘制卤水含量曲线图(图 7-2-2)

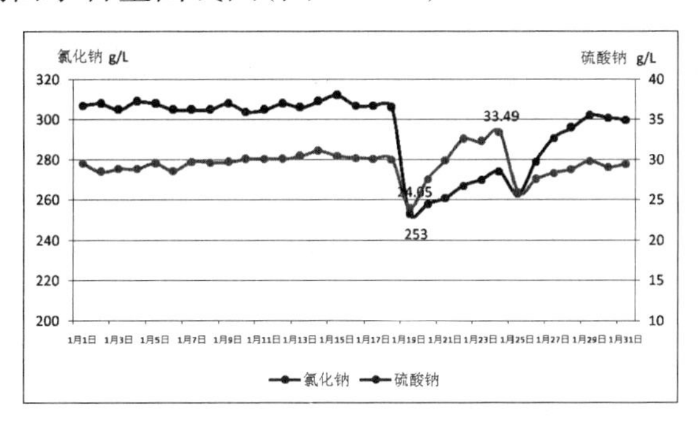

图 7-2-2　____井组卤水含量曲线图

(3)由技术人员对采卤井卤水含量变化进行分析，判断曲线波动原因，为下一步生产提供指导。例如：图 7-2-2 中所示 NaCl 含量波动较大，是由于 1 月 19 日倒井的原因。之后，随天数增加，NaCl 含量缓慢上升，但是由于硫酸钠含量倒井后上升很快，达到 33.49g/L。为了控制卤水质量，1 月 25 日再次倒井。

三、绘制各井组倒井氯化钠恢复曲线

绘制倒井浓度恢复曲线图(图 7-2-3)，可以帮助技术人员分析溶腔变化情况，进而了解注采率变化情况，有利于合理安排倒井周期，对协调总体卤水浓度具有指导意义。此图一般由技术人员绘制，采卤工只需了解该图表作用。

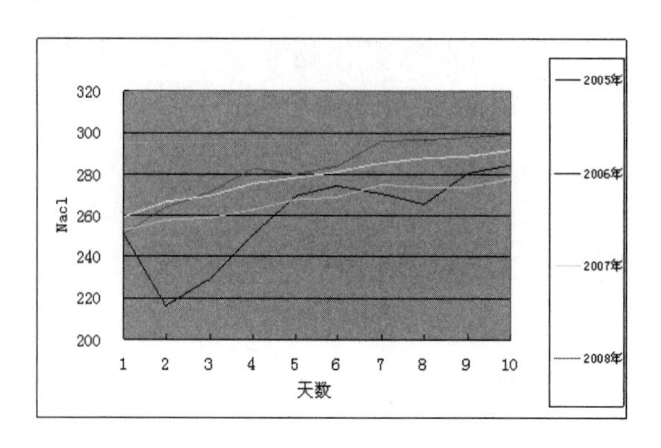

图 7-2-3 ___井组年度倒井(反注倒正注)氯化钠恢复曲线对比图

第三节 生产工艺参数异变分析及井下故障的排除

通过对生产参数的异变分析,找出变化规律,寻找异变原因,进而找出故障排除办法。

一、生产参数异变分析

1. 熟悉需要分析井组的开采基本概况及现状。

2. 绘制近期注采曲线,如卤水生产曲线图(图 7-3-1)。

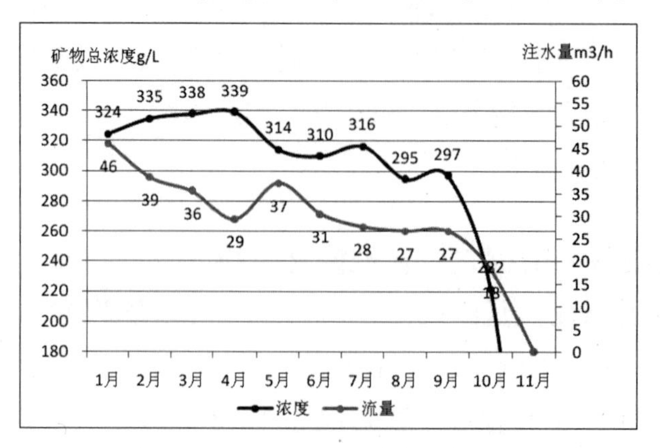

图 7-3-1 ___井组卤水生产曲线图

3. 判断卤水生产变化趋势

如上图 7–3–1 中，江苏油田采输卤管理处首站某连通对流井组 2007 年注水量持续下降。1~6 月，日平均注水量下降至 31m³/h，卤水总矿物浓度（氯化钠 + 硫酸钠）持续走高，最高达 339g/L。7~10 月，注水量连续下降，到 11 月初井组发生井堵，停止生产。

二、盐井事故的判断及处理

（一）单井对流法事故的判断及处理

生产中的盐井事故，主要根据油压（中心管压力）、套压（油、套环隙压力）、注水量、出卤量、含盐量、含砂量等因素的变化来分析。

常见的盐井下部事故有岩层顶板垮塌，油管断裂、变形、结垢（主要是 $CaSO_4$）、腐蚀等，如表 7–3–1 所列。

表 7–3–1　井下事故分析判断

压力变化		产量变化	浓度变化	进出水比	含砂量	事故原因
油压	套压					
正常	正常	正常	正常	正常	微	正常生产
突升	降低	降低	正常		增高	砂堵油管
缓升	缓降	缓降	缓升	正常	见 $CaSO_4$ 析出	环隙结垢
突降	突降	突降	突降	增大	增高	顶板垮塌
突降	突降	突降	突降	正常	微	油管断裂
降低	降低	降低	突降	增大	微增	套管断裂，大量白水渗入
降低	降低	降低	降低	实增	微	漏层

1. 油管断裂

这种事故在单井对流法生产中比较普遍，往往造成卤井停产。

（1）发生原因

①油管下盐井前未进行严格的质量检查，把不合格的油管下入井内，造成滑扣或本体断裂。

②生产中操作不当，突然放压或突然升压，使井下管串失去平衡，

产生强大的剪切力。

③突然中断生产(停电或操作失灵),产生水锤压力,破坏管柱。

④采用高压大排量生产,增强加大内压力。

⑤油管生产周期长,腐蚀严重,降低了本身的抗拉、抗压强度。

(2)预防

对下盐井的油管要严格检查质量;操作时不得经常排压,停产时必须保持一定的压力,使管串受压平衡;防止突然中断生产,避免水锤的影响。生产中不得采用高压大排量生产,应采用稳压、持续、定额生产;确定油管在井内使用周期时间,按期检修,不得拖延。对腐蚀严重的油管,可涂上防腐剂或采用其他防腐设施。

(3)事故处理

方法比较多,主要依据油管断落深度、长度、余顶的形状、影响产量的程度,制定事故处理方案。一般采用通井机或钻机打捞。

2. 套管断裂及变形

(1)原因

①固盐井质量不好,管鞋附近无水泥环,或造成了窜槽。

②套管伸入盐层过长,岩盐溶解后,悬空在岩盐腔内,降低了强度。

③盐层顶板垮塌产生强大的外挤力,或因水锤压力产生了强大的内挤力。

④油管长期的振动对套管的破坏作用。

(2)预防

保证固井质量,防止窜槽。套管下入位置最好不伸入盐层内,若盐层顶板是易垮塌底层,必须伸进盐层才能封固时,一般用单井对流生产,伸入长度最好不大于0.5米。采用有效措施(如油垫、气垫等),预防顶板垮塌,尽量减少油管对套管的破坏作用,可考虑用扶正器等,同时必须防止水锤对套管的破坏作用。

(3)事故处理

常用的办法是:胀管、切割、补裂。如套管变形在岩盐腔以上,最好采用胀管器处理。若在岩盐腔内变形,可用割管器或用水力夹砂喷射等方法割除,落入岩盐腔内。若套管断裂位置在顶板以上,造成淡水大量渗入而影响生产时,最好的办法是用水泥(或桐油石灰)补断裂部位,保持井径一致,不受淡水渗透。

3. 顶板垮塌

如果顶板垮塌,掩盖岩层,影响生产,可用油(气)垫法保护盐层顶板,对已垮塌的碎屑物用顿钻的方法清井捞砂。这种处理方法,在短时内生产效果较好。根本的方法还是预防顶板垮塌。

(1)在钻井时,注入水泥浆,增强顶板的稳定性。

(2)在生产时,严防高压注水,破坏顶板。

盐垢是由于过饱和的卤水重新结晶析出引起的。结垢后堵塞了管道,影响生产。处理办法是活动管柱,加清水循环除垢。

(二)压裂盐井事故处理

压裂盐井从压裂连通到生产采卤经常出现的事故是井身套管破裂,水泥环被击穿,地下通腔被堵塞,岩盐及石膏结晶堵塞井内套管、管道等。

1. 通腔被堵塞

发生在扩大通道和早期采卤阶段内。当通道裂隙缝比较狭小时,矿层中含有大量碎屑物质的岩盐被水溶解,而不溶的碎屑物质及弱溶性的盐类矿物则被饱和卤水冲刷到出卤水井底部。当卤水有一定压力时,细粒的碎屑物质被带走;当卤水压力降低时,碎屑物质就成锥形大量堆积在出卤井底部,堵塞出卤井。如某矿区 10 号井,矿层埋深 332 米,被堵塞到 300 米深度处。因而注水井出现高压,而出卤水井不出卤水或卤水很少。

(1)处理办法:下钻杆,用水泵冲洗,将碎屑物质返到地面。

(2)防止办法:定期调换注水井和出卤井。在碎屑物质没有堆积之前即把它冲走。同时对早期采卤井要加强管理,不能突然开放出卤水井,造成压力突然降低,使碎屑物质迅速沉积在井的底部,发生堵塞。

2. 井内及管道内石膏结晶

发生在出卤水井及输卤管道中。加料泵、吸卤水管和底阀中也有石膏结晶堵塞的现象。例如某矿区 5 号出卤井，靠近地表几十米的套管内石膏结晶，将 108 毫米套管堵塞为仅有 30 毫米直径的孔洞；内径 150 毫米的铸铁输卤管道，在靠近出口部分，在石膏结晶后，内径不到 50 毫米。为了将堵塞物石膏处理掉，恢复正常生产，该矿区对石膏生长条件进行了研究，找到了处理办法。

因为在 NaCl-$CaSO_4$ 体系中，当溶液含 129.5 克 / 升 NaCl 时，其溶解 $CaSO_4$ 的数量最大为每升 7.5 克（表 7-3-2），并且基本上不受温度变化的影响（表 7-3-3），所以用含有 NaCl129.5 克 / 升的溶液除去石膏堵塞物较合适。某厂采卤用的废水，含 NaCl80—160 克 / 升，在 NaCl-$CaSO_4$ 体系中，对石膏溶解有较好的效果（表 7-3-4）。实践证明，他们用废水处理管道及井内套管的石膏结晶是可行的。

表 7-3-2 氯化钠溶液溶解硫酸钙数量表

NaCl（克 / 升）	0.99	10.44	49.77	75.58	129.5	197.2	229.20	315.55
$CaSO_4$（克 / 升）	2.37	3.54	5.94	6.74	7.50	7.23	7.03	5.37

表 7-3-3 氯化钠溶液溶解硫酸钙与温度关系表

温度（℃）	20	44	67	85
NaCl（克 /100 克）	19.92	19.93	19.95	19.90
$CaSO_4$（克 /100 克）	0.823	0.830	0.835	0.823

表 7-3-4

分析项目	废水成分	溶解石膏后成分
NaCl（克 / 升）	117.95	115.40
$CaSO_4$（克 / 升）	0.929	4.61
$MgSO_4$（克 / 升）	0.139	0.14
Na_2SO_4（克 / 升）	13.43	14.00

该矿区把因石膏结晶而堵塞的 5 号出卤井改为注水井，注入废水

（$NaCl-CaSO_4$体系）采卤。经过一段时间后，割开5号井套管检查，石膏被溶解掉了。接着又用废水冲洗被石膏堵塞的输卤水管道，也取得较好效果。

防止石膏结晶措施：石膏结晶是在稳定环境、不断有含$CaSO_4$成分卤水供应的条件下，当卤水温度、压力改变和水分稍有蒸发时出现的。根据石膏结晶产生的条件，可采取以下防止措施：

（1）盐井内套管结晶石膏。将出卤水井改为注水井，并形成一种制度，定期调换使用。

（2）地面管道内结晶石膏。在停产时间用废水冲，破坏石膏结晶条件，溶解已经形成的石膏。

这对盐井内及地面管道内的岩盐结晶也是适用的。及时检查，发现有结晶后用废水或淡水冲洗。

复习与思考题：

1. 井组生产动态通常是指什么？
2. 绘制注采曲线操作步骤是什么？
3. 调节离心泵工艺参数的方法有哪些？
4. 调节注水泵压力和排量的操作步骤和技术要求？
5. 结晶、沙堵故障如何排除？
6. 中心管断裂故障如何排除？

第八章　班组经济核算

第一节　班组经济核算的意义

一、班组经济核算的概念和任务

经济核算是社会主义企业进行生产和经营管理的一项基本原则，也是企业实行科学管理和民主管理的一个有效方法和全面提高经济效益的重要手段。企业的经济核算，是指对生产物资的占用、生产消耗和生产成果折合成货币形式进行记录、计算和对比，通过核算对生产活动的经济效果进行考察等一系列组织管理工作。

班组经济核算，是社会主义企业经济核算的基础。它是按照全面经济核算的要求，以班组为基础，用算账的形式，对班组经济活动的各个环节采用货币、实物、劳动工时等三种量度进行预测、记录、计算、比较、分析和控制，并做出经济评价的组织管理工作。班组经济核算的任务是按照企业的生产经营目标，在班组进一步落实企业内部经济责任制。通过核算和分析，反映和监督班组经济指标的完成情况，考核班组的经济效果，寻求以最小的生产能耗取得最大的生产成果。

企业的经济活动，大部分是通过班组来进行；企业的经济效果，很大程度上要通过班组来实现；企业的各项规章制度，也要通过班组来落实。所以，班组是企业各项技术和经营管理工作的基本单位，班组经济核算是企业经济核算的基础。

二、班组经济核算的主要作用

1. 指导经济活动，为管理和决策部门提供可靠依据。

2. 落实经济责任制，可以进一步明确班组与企业、班组与个人之间的经济责任。

3. 提高经济效益。通过班组经济核算，可以发动广大工人进行核算，有利于勤俭办企业和提高企业的经济效益。

三、班组的经济核算必须具备的条件

1. 企业的经济核算体系已经建立，班组长经济核算的意识较强，并有责任心强、业务精通的核算员。

2. 结合班组的实际，制定出工序定额和工序价格，使班组的经济核算有依据，便于班组的内部协作和成本核算。

3. 建立起有效的工序计量制度。工序计量也是进行班组经济核算的一个重要内容，没有工序计量，物质消耗和工时就无法统计，工序之间的责任就难以分清，也就无法对指标进行分解与考核。一般工序计量的器具有仪器、仪表、量具、容器和衡器等。

4. 建立健全各种产量、工时、质量、物资消耗等台账和原始记录表格，以便为班组的分析、评比、考核提供依据。

第二节　班组经济核算的内容和方法

一、班组经济核算的内容

各企业根据本企业班组的特点和实际生产情况的需要来确定班组经济核算的内容，以达到有利于生产、方便于职工、切实反映班组消耗成本和生产成果。班组核算一般包括产品产量、质量、劳动消耗量、物质消耗量等指标，也可把安全生产、文明生产、技术革新、设备利用指标

列为经济核算的范围。

1. 产品、产量指标

作为盐卤开发范围内的产品和产量指标,包括采卤量、输卤量、注水量、作业的标准井次、钻井进尺、建筑安装工作量、车辆运输工作量、机械加工件数等。为了统一计算的方便,可以把上述指标按照定额折合成为工时、产值或标准产量系数来计算。在核算中要计算出超增或欠产数及计划完成的百分比。其计算公式如下:

$$超产(欠产)数=实际完成数-计划定额数$$

$$产量计划完成率=\frac{实际完成产量数}{计划定额数}\times 100\%$$

$$完成定额工时超(欠)数=实际完成定额工时数-计划完成定额工时数$$

$$定额工时完成率=\frac{实际完成定额工时数}{计划完成定额工时数}\times 100\%$$

$$完成产值超(欠)数=实际产值-计划产值$$

$$产值计划完成率=\frac{实际产值}{计划产值}\times 100\%$$

2. 质量指标

班组产品质量指标的核算是用实际质量与计划或标准要求相对比,以检查质量指标的完成程度。质量指标主要是指产品的合格率,其计算公式如下:

$$产品合格率=\frac{合格产品总量}{送检产品总量}\times 100\%$$

3. 劳动指标

班组劳动指标的核算,一般以劳动出勤、工时利用率和劳动生产率为基础。通过对这些指标的核算,可以使班组减少劳动消耗,其计算公式如下:

$$劳动出勤率=\frac{实际出勤工日数}{制度规定工日数}\times 100\%$$

$$工时利用率=\frac{实际生产工时数}{制度工时数}\times100\%$$

$$劳动生产率=\frac{报告期生产总产（或产品数量定额工时）}{本期班组平均职工人数}\times100\%$$

4. 材料和能源消耗指标

班组消耗指标的核算，主要针对原材料、燃料和动力的实际消耗量与计划定额进行对比。班组可凭《限额费用手册》，根据费用情况进行核算。

二、班组经济核算的方法

班组经济核算大致可分为数量指标核算法和金额指标核算法两大类。目前，一般采用统计指标核算和节约额核算两种方法。

1. 统计指标核算法

统计指标核算方法是目前班组经济核算中普遍采用的一种核算方法。它适用于工艺复杂、工序责任较难划分及无法制定工序价格的班组。它的特点是方法简便、易懂、易算，并能够及时反映各项主要经济技术指标的完成情况。一般可采用百分制的办法，也可规定出奖惩分数，并同班组竞赛结合起来。

2. 节约额核算法

节约额核算法适用于工序定额、工序价格和计量手段较为完备的班组。它的核算内容包括超产节约价值、提高质量节约价值、原材料节约价值、降低消耗节约价值等。节约额的核算以班组为单位，进而核算到井、站、机组和个人。

第三节　卤水单耗的计算

一、卤水单耗的定义

卤水单耗主要指生产 1m^3 卤水所需要的耗电量，也称注水单耗，包括注水系统单耗、注水站单耗及注水泵机组单耗。

注水系统单耗：注水系统每注入 1m^3 水的耗电量。

注水站单耗：注水站每输出 1m^3 水的耗电量。

注水泵机组单耗：注水泵机组每输出 1m^3 水的耗电量。

二、注水单耗的计算

以一个注水管网及所辖的泵机组（可能有一至多个泵机组）及注水井作为一个注水系统进行测试和计算，其主要程序如下：

测量统计出注水系统的注水量及耗电量、注水泵站及注水泵机组的输出水量及耗电量，即可求得各部分的单耗。

1. 操作步骤

（1）用统计方法计算注水单耗。根据各种注水生产报表得到注水系统电动机耗电量、注水量、注水站与注水泵的输出水量，分别代入注水单耗计算公式，即可得出注水单耗。

（2）用测试方法测量注水单耗。

①在注水泵机组平稳运行时，即注水电动机的电压、电流以及注水泵的压力、流量等参数稳定的工况下，同时录取电度表和流量计的读数，并开始计时做好记录。当设定时间一到，立即同时录取电度表和流量计的读数，并终止计时，做好记录。

②用计时终止时刻的电度表的读数减去计时开始时的电度表的读数，即为计时时间内的耗电量。同理，用计时终止时刻的流量计的读数

减去计时开始时的流量计的读数,即为计时时间内的输出水量。

③将测得的耗电量与输出水量分别代入注水单耗计算公式,即可得出注水单耗。

(3)注水单耗的计算公式。

①注水系统单耗计算公式:

$$DH_1=\frac{W_1}{V_1} \tag{8-3-1}$$

式中 DH_1——注水系统单耗(单位:kW·h/m³)

W_1——注水系统电动机耗电量(单位:kW·h)

V_1——注水系统注水量(单位:m³)

②注水站单耗计算公式:

$$DH_2=\frac{W_2}{V_2} \tag{8-3-2}$$

式中 DH_2——注水站单耗(单位:kW·h/m³)

W_2——注水站电动机耗电量(单位:kW·h)

V_2——注水站输出注水量(单位:m³)

③注水泵机组单耗计算公式:

$$DH_3=\frac{W_3}{V_3} \tag{8-3-3}$$

式中 DH_3——注水泵机组单耗(单位:kW·h/m³)

W_3——注水泵机组耗电量(单位:kW·h)

V_3——注水泵机组输出水量(单位:m³)

在时间为1h的情况下:

$$DH_3=\frac{P_e}{q_v} \tag{8-3-4}$$

式中 Pe——注水泵的有效功率(单位:kW)

q_v——注水泵流量(单位:m^3/h)

2. 技术要求

(1)各种测量仪器、仪表和测量工具的量程及精度等级应符合技术规范和工艺要求,校验合格,达到指示准确、灵敏可靠。

(2)测取压力、流量等参数时,必须在机泵稳定工况下进行。

(3)读取仪表数据和测量仪器数据时方法要正确,读数和计时应同步进行。读取数据时,视线、表针、刻度线要达到"三点一线",并做好记录。

(4)在计算时,应先列出相应的计算公式,然后再分步代入数值进行计算。

(5)公式中符号所代表的意义和计量单位应填写清楚。

复习与思考题:

1. 什么是班组产品质量指标的核算?
2. 班组经济核算的概念和任务是什么?主要作用是什么?
3. 班组的经济核算必须具备的条件是什么?
4. 注水单耗计算的技术要求有哪些?
5. 注水系统单耗计算方法是什么?

附录：常用的计量单位及换算

一、长度计量单位

在法定计量单位中规定，长度的基本单位是米，代表符号 m，米以下的单位依次是分米（dm）、厘米（cm）、毫米（mm）、微米（μm）。以上长度单位的符号只能采用小写字母表示，而不能使用大写字母。

英制单位中比较常用的长度单位有英寸、英尺和码。英寸的单位符号是 in，英尺的单位符号是 ft，码的单位是 yd。管子螺纹通常只能用英制标准，而不能将英制尺寸换算为米制尺寸标准。如 2in 的管子螺纹，是以在数值的右上角用“″”表示英寸，即为 2″。长度单位及其换算关系见表 1。

表 1　长度单位换算关系

<table>
<tr><th>单位制别</th><th>单位名称</th><th>单位符号及换算关系</th><th>不同单位制别的换算关系</th></tr>
<tr><td rowspan="5">米制</td><td>米</td><td>m（1m=10dm）</td><td rowspan="8">1m=1.094yd
1m=3.281ft
1yd=0.9144m
1ft=30.48cm
1in=25.4mm</td></tr>
<tr><td>分米</td><td>dm（1dm=10cm）</td></tr>
<tr><td>厘米</td><td>cm（1cm=10mm）</td></tr>
<tr><td>毫米</td><td>mm（1mm=10μm）</td></tr>
<tr><td>微米</td><td></td></tr>
<tr><td rowspan="3">英制</td><td>码</td><td>yd=（1yd=3ft）</td></tr>
<tr><td>英尺</td><td>ft（1ft=12in）</td></tr>
<tr><td>英寸</td><td>in</td></tr>
</table>

说明：工程计量单位有公里、市尺、市里、英里、海里等，其与法定计量单位的换算关系在本书中不予列出。

二、力、压强单位

（一）压力、压强法定计量单位

地球表面有几十千米厚而稠密的大气层，大气对地面产生的压力称为大气压力。在同一地点，大气压力随着季节与气候的变化而变化，大气压力随着海拔高度的增加而减小。通常以空气温度为0℃时，北纬45°海平面上的平均压力760mmHg，作为一个标准大气压。

各种设备、管道、容器上压力表所指示的压力是相对压力，也称为表压力。相对压力加上外部的大气压力（一般取标准大气压，大体相当于0.1Mpa），即为绝对压力。因此也可以说，相对压力就是绝对压力减去大气压力。

当管道或容器内的绝对压力小于周围环境的大气压力时，我们就把他称为真空状态。

压力和压强的单位是帕斯卡，简称帕，符号是Pa。1Pa的定义是在$1m^2$的面积上均匀垂直作用1N的力所产生的压力，即$1Pa=1n/m^2$。千帕的符号是KPa，兆帕的符号是MPa，他们之间的主要换算关系为：

$$1KPa=1000Pa$$

$$1MPa=1000KPa$$

根据以上换算关系，可以推算出工程中最常用的换算关系式为：

$$1MPa=1N/mm^2$$

（二）几种常用的压力、压强的非法定计量单位：

1. 标准大气压

标准大气压也就是物理大气压，单位符号是atm，它相当于760mmHg所产生的压力。标准大气压与帕斯卡的换算关系是：

$$1atm=0.101MPa$$

$$1MPa=9.87atm$$

2. 工程大气压

工程大气压的单位符号是kgf/cm^2，他是指1kgf的力垂直作用在$1cm^2$面积上所产生的压力。他在实际中使用非常普遍，它与帕斯卡、物理大气压的换算关系是：

$$1kgf/cm^2=0.098Mpa$$

$$1Mpa=10.2kgf/cm^2$$

$$1kgf/cm^2=0.968atm$$

$$1atm=1.033kgf/cm^2$$

3. 毫米水柱和米水柱

毫米水柱的单位符号是 mmH_2O，是指 1mm 高的水柱所产生的压力；米水柱的单位符号是 mH_2O，是指 1m 高的水柱所产生的压力。毫米水柱、米水柱与帕斯卡的换算关系是：

$$1mmH_2O=9.8Pa$$

$$1mH_2O=9.8Kpa \approx 1MPa$$

$$1mH_2O=0.1kgf/cm^2$$

$$1Pa=0.102mmH_2O$$

4. 毫米汞柱

毫米汞柱的单位符号是 mmHg，他是指 1mm 高的汞（水银）柱所产生的压力，它与帕斯卡的换算关系是：

$$1mmHg=133.3Pa$$

$$1Pa=7.5\times10^{-3}mmHg$$

5. 巴是压力单位，单位符号为 bar。它与帕斯卡的换算关系是：

$$1bar=10^5Pa$$

$$1bar=1.02kgf/cm^2$$

三、温度的单位

温度是表示物体冷热的程度。温度有不同的标准，称为温标。最常用的是摄氏温标和热力学温标。摄氏温标是把水在一个标准大气压下的冰点作为零度，把水的沸点作为 100 度，摄氏度用符号℃表示。热力学温标过去也称为绝对温标或国际温标，单位为开尔文，简称开，用 K 表示。它以宇宙间的最低温度作为零度（相当于 –273℃），其分度值

与摄氏度是一样的，这样 0℃便相当于 273K，100℃便相当于 373K，即

$$开尔文 = 摄氏度 + 273$$

此外，在英、美等国家还使用华氏度，符号是°F。摄氏度、华氏度及开尔文的换算关系见表 2。

表 2　不同温标之间的换算关系

温度	摄氏度 t/℃	华氏度 t_1/ °F	开尔文 t_2/K
摄氏度 t/℃	t	$\frac{9}{5}(t+32)$	t+273
华氏度 t_1/ °F	$\frac{5}{9}(t_1-32)$	t_2	$\frac{5}{9}(t_1-32)+273$
开尔文 t_2/K	t_2-273	$\frac{5}{9}(t_2-273)+32$	t_2
水的冰点	0	32	273
水的沸点	100	212	373

四、面积

物体的表面或物体围成的平台图形的大小就叫做它们的面积。面积的基本单位是平方米，符号是 m^2，其以下的单位依次是平方分米（dm^2）、平方厘米（cm^2）、平方毫米（mm^2）。面积的单位常用的还有平方公里（km^2）、公顷（hm^2）。

常用面积的法定计量单位的换算关系见表 3。

表 3　面积单位换算关系

单位名称	符号	主要换算关系
平方米	m^2	$1m^2=10dm^2=10^4cm^2=10^6mm^2$ $1km^2=10^6m^2$ $1hm^2=10^4m^2$
平方分米	dm^2	
平方厘米	cm^2	
平方毫米	mm^2	
公顷	hm^2	
平方公里	km^2	

五、体积、容积

在采卤生产中，对于生产参数的记录和换算经常用到体积、容积单位。

体积是指物体所占空间的大小。

容器所能容纳的物体体积，就是它们的容积。在采卤生产中涉及的基本上是指流体的体积和工艺设施的容积。

体积和容积是有区别的两个不同概念，但它们所使用的单位和单位符号是相同的，有立方米（m^3）、升（L）、毫升（mL）

它们的换算关系是：

$$1m^3=10^3L=10^6mL$$

六、质量和重量

（一）质量和重量的概念

1. 质量：物体内所含物质的多少，用符号 m 表示，单位为千克，单位符号是 kg，质量的计算公式为：

$$m=\rho v$$

式中：ρ——物体的密度（单位：kg/m^3）

m——物体质量（单位：kg）

V——物体体积（单位：m^3）

质量单位还有克（g）、吨（t）、毫克（mg）、微克（Hg）。

2. 重量：物体与地球间引力的大小，用符号 G 表示，单位牛顿，单位符号是 N，计算公式为：

$$G=mg$$

式中：G——物体的重量（单位：N）

M——物体质量（单位：kg）

g——垂力加速度（取 $g=9.81m/s^2$）

重量的单位还有兆牛（MN）、千牛（KN）、毫牛（mN）、微牛（μN）。

3. 质量和重量的常用单位换算关系

表 4 质量和重量的常用单位换算

单位名称	符号	主要换算关系
吨	t	1t=1000kg
千克	kg	1kg=1000g
克	g	1g=1000mg
毫克	mg	1mg=1000μg
微克	μg	
牛	N	
千牛	KN	1KN=1000N
兆牛	MN	1MN=1000KN
毫牛	mN	1N=1000mN
微牛	μN	

说明：在英制单位中，常用的单位是磅，符号为 1b，它和 kg 的换算关系为 1kg=2.20461b，1b=0.4536kg。

七、流量和流速

（一）流量

一、流量是指流体在管道或设备中单位时间内所通过流断面的流体体积、质量，分别称为体积流量和质量流量。体积流量是用符号 Q 表示，单位是立方米每秒，符号为 m^3/s。质量流量用符号 G 表示，单位是千克每秒，符号为 kg/s。

（二）流速

流速是流体在管道或设备容器中单位时间内所流过的距离（长度），单位是米每秒，符号为 m/s。

（三）流速和流量的关系

体积流量和流速的关系为：

$$Q=VA$$

式中：Q——体积流量（单位：m^3/s）

V——流速（单位：m/s）

A——过流断面积（单位：m^2）

体积流量和质量流量的关系为：

$$G=PQ=PAV$$

式中：G——流体质量流量（单位：kg/s）

ρ——流体密度（单位：kg/m^3）

主要参考文献

1. 中华人民共和国劳动和社会保障部编．国家职业标准——井矿盐采卤工．北京：中国劳动社会保障出版社，2004

2. 马宗瑶，聂成勋，王瑞天．井矿盐地质基础与开采工艺．四川自贡：全国井矿盐工业科技情报站，1992

3. 王清明．盐类矿床水溶开采．北京：化学工业出版社，2003

4. 阳正熙．矿产资源勘查学．北京：科学出版社，2006

5. 袁见齐，朱上庆．矿床学．北京：地质出版社，1989

6. 李叔达．动力地质学原理．北京：地质出版社，1987

7. 四川省盐业技工学校编．采输卤．四川自贡：四川盐业技工学校，2002

8. 四川省盐业技工学校编．钻修井技术．四川自贡：四川盐业技工学校，2000

9. 赵振明，王之良．工人岗位通用知识．北京：航空工业出版社，1989

10. 江汉石油管理局编．石油工人培训教材——修井工程．武汉，1986

11. 吕砚山等编．电工技术基础．北京：科学技术文献出版社，1980

12. 杨文士主编．全面质量管理基本知识(第四版)．北京：科学普及出版社，1995

13. 百郎国际编．企业管理内部培训经典教材——生产管理．北京：2004

14. 四川省安全生产监督管理局编．安全生产管理与技术．成都，2006

15. 吴穹，许开立主编．安全管理学．北京：煤炭工业出版社，2002

16. 隆泗，刘飞主编．矿山生产技术与安全管理．成都，2002

17. 王清明编著．石盐矿床与勘查．北京：化学工业出版社，2007

18. 朱向楠主编．管工．北京：机械工业出版社，2005

19.《离心泵设计基础》编写组编．离心泵设计基础．北京：机械工业出版社，1974

20. 张自平．管工．北京：中国城市出版社，2003

21. 同济大学，上海交通大学．机械制图．北京：高等教育出版社，1995

22. 劳动和社会保障部中国就业指导中心组织编写．钳工．北京：中国劳动出版社，1996

23. 段成君，唐莉，孟永吉．简明给排水工手册．北京：机械工业出版社，1999

24. 黄如林，刘新佳，汪群．五金手册．北京：化学工业出版社，2005

25. 郑国明，金辉，王慧清．袖珍管道工手册．北京：机械工业出版社，2006

26. 劳动和社会保障部中国就业指导中心组织编写．维修电工（基础知识）．北京：中国劳动社会保障出版社，2003

27. 中国机械工业标准汇编（泵产品卷）．北京：中国标准出版社，2004

28. 日本原滋美．泵及其应用．北京：煤炭工业出版社，1984

29. 张世芳．泵与风机．北京：机械工业出版社，1997

31. 岳进才．压力管道技术．北京：中国石化出版社，2000

32. 侯军．建设工程制图图例及符号大全．北京：中国建筑工业出版社，2004

33.《机械设计手册》编委会．机械设计手册．管道与管道附件．北京：机械工业出版社，2005